Mateus Alegri



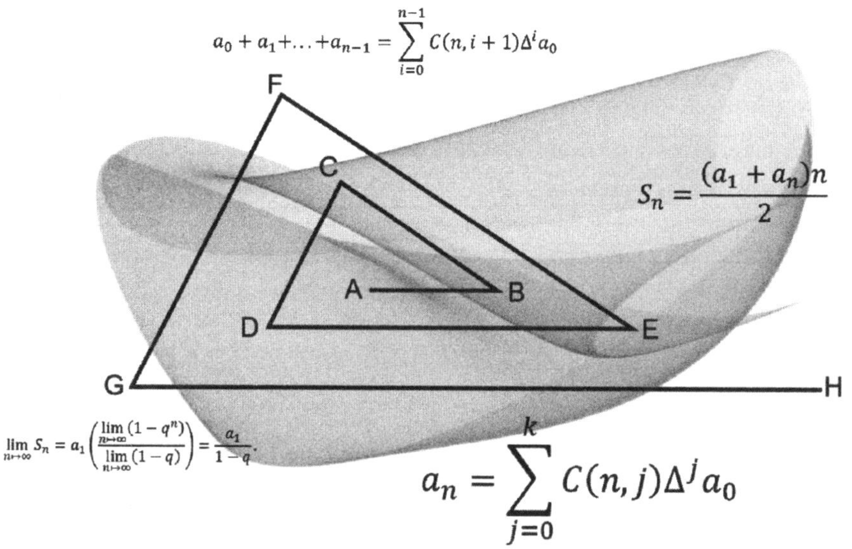


# O Pequeno Livro das Progressões



Editora Ciência Moderna

*O Pequeno Livro das Progressões*



**Editor:** Paulo André P. Marques
**Produção Editorial:** Dilene Sandes Pessanha
**Capa:** Daniel Jara
**Diagramação:** Daniel Jara
**Copidesque:** Equipe Ciência Moderna



**FICHA CATALOGRÁFICA**

***ALEGRI, Mateus.***

***O Pequeno Livro das Progressões***

Rio de Janeiro: Editora Ciência Moderna Ltda., 2017.

1. Matemática 2. Progressões
I — Título

ISBN: 978-85-399-0951-3 CDD 510
513.4

**Editora Ciência Moderna Ltda.**
**R. Alice Figueiredo, 46 – Riachuelo**
**Rio de Janeiro, RJ – Brasil CEP: 20.950-150**
**Tel: (21) 2201-6662/ Fax: (21) 2201-6896**
**E-MAIL: LCM@LCM.COM.BR**
**WWW.LCM.COM.BR** **07/18**

Mateus Alegri

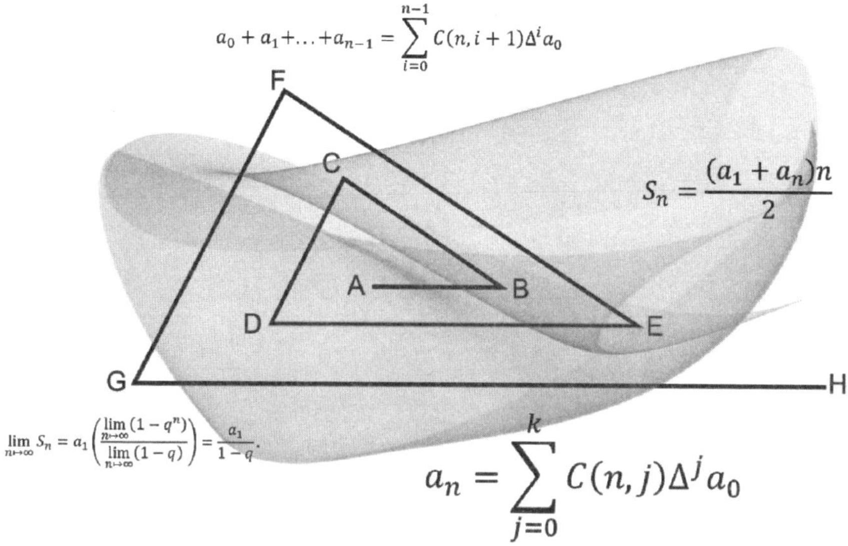


# O Pequeno Livro das Progressões

# Prefácio

Apresentamos a você, leitor, o **Pequeno livro das Progressões**, que aborda majoritariamente os seguintes temas: progressões aritméticas ordinárias, de ordem superior e progressões geométricas. Ele é pequeno em tamanho, porém, acredito que é denso em resultados, alguns destes inéditos, dentre os livros em língua portuguesa sobre o tema, tais como os teoremas 4, 5 e 6 que caracterizam completamente uma progressão aritmética e a soma de seus termos.

No capítulo 1 apresentamos a ferramenta matemática chamada de princípio de indução finita, muito importante, de maneira técnica a fim de obter resultados que envolvem inteiros positivos. O conteúdo deste capítulo trata-se de um pré-requisito para o estudo um pouco mais aprofundado de progressões aritméticas. O capítulo seguinte segue esta linha.

No capítulo 2 apresentaremos os princípios básicos de contagem. Alguns resultados envolvendo progressões aritméticas necessitam do conceito de combinações de n elementos, de modo que exibimos o básico do conteúdo de análise combinatória a fim de que o leitor possa compreender bem os resultados aqui obtidos a fim de utilizá-los no capítulo seguinte.

Nos capítulos 3 e 4 introduzimos os conceitos principais do livro: progressões aritméticas e progressões geométricas. Primeiramente, definimos formalmente o que é uma sequência, e a partir disso, estudamos sequências de variação, termo a termo previsíveis. Especificamente no capítulo 3, introduzimos o conceito de progressões aritméticas de ordem superior, talvez a seção mais interessante deste livro. Nesta seção fornecemos fórmulas para o termo geral de uma progressão deste tipo e para a soma de seus primeiros termos, ambas utilizando o conceito de combinações. Para estes capítulos são oferecidos cinquenta problemas envolvendo progressões, muitos desses novos.
Apresentamos também os conceitos essenciais de matemática financeira: juros simples e compostos, o primeiro é relacionado a progressões aritméticas ordinárias e o segundo a progressões geométricas. Problemas de valor futuro e atual são explorados ao final do capítulo 4.

De teoria disposta de forma compacta, este material tem como objetivo ser um livro de problemas e soluções, objetivando trabalhar com questões de nível de dificuldade intermediário e avançado. O público- alvo deste conteúdo são professores de Matemática do ensino básico, alunos de graduação em Matemática e pós-graduação (principalmente alunos do mestrado profissional em Matemática), bem como jovens alunos interessados no assunto. Em especial aos professores, comunicamos que o conteúdo deste livro é perfeitamente aplicável no segundo e terceiro anos do ensino médio. Desejo bons estudos a todos!

Itabaiana, 30 de março de 2017.
Mateus Alegri

# SUMÁRIO

# 1. O PRINCÍPIO DA INDUÇÃO FINITA

**DESTAQUES DO CAPÍTULO**

| | |
|---|---|
| * | Enunciado dos princípios de indução finita e boa ordenação. |
| * | Demonstração da equivalência dos princípios. |
| * | 17 Provas por indução realizadas. |

## 1.1 Introdução

Caro leitor, você já deve conhecer uma ideia que julgamos essencial para o conjunto dos inteiros positivos: a lei da sucessão, isto é para cada $n \in \mathbb{N} = \{1, 2, \ldots\}$, existe o sucessor de $n$: o número $n + 1$. Esta propriedade é o que realmente caracteriza o conjunto infinito e enumerável dos números naturais. Embora não entraremos em questões envolvendo cardinais infinitos, pode-se provar que $\mathbb{N}$ é o "menor conjunto infinito[1]".

Da ideia fundamental de sucessão surge uma importante ferramenta matemática: **O Princípio da Indução Finita**. Este princípio nos garante que se uma propriedade, envolvendo números naturais, $P$ vale para $n = 1$ e se assumirmos que a propriedade é válida para $n \in \mathbb{N}$ arbitrário de tal sorte que se com isso consigamos provar a veracidade de $P$ para $n + 1$, então esta propriedade vale para todo $n$ natural. De maneira matematicamente mais precisa, o princípio de indução nos diz que se um conjunto $A$ possuir o número 1 como elemento, e se $n \in A$ implicar $n + 1 \in A$, então $A = \mathbb{N}$.

É intuitivo notar que o princípio de indução finita é equivalente ao princípio da boa ordem, que afirma que todo conjunto não vazio $A$ de números naturais possui um menor elemento $m$. De fato, qualquer outro elemento $b$ de $A$ é sucessor do sucessor,... de m.

---

[1] Se c é um número cardinal infinito, e a cardinalidade de $\mathbb{N}$ é denotada por $\aleph_0$, então $\aleph_0 \leq c$, onde $\leq$ é uma relação de ordem parcial ampla bem definida. Para mais informações sugerimos a leitura de [6].

Exibiremos três formas equivalentes do princípio da indução finita, provando sua equivalência. Atente sempre às observações feitas pois lhe será útil em diversas ocasiões práticas.

O princípio da indução será largamente utilizado neste livro em demonstrações de resultados concernentes à análise combinatória e progressões.

Para finalizar, faço uma citação de um sábio professor de matemática: "Ninguém realmente conhece e entende os números naturais se não compreende o princípio da indução finita". Faço minhas estas palavras.

## 1.2 Os Princípios

Considere os três princípios abaixo.

**1.** O Princípio da Boa Ordem, **P.B.O.**.

Todo conjunto não vazio de números naturais possui um menor elemento.

**2.** Primeira forma do Princípio da Indução Finita, **1º P.I.F.**.

Se A é um conjunto de números naturais, onde

a) $1 \in A$; b) $n + 1 \in A$, sempre que $n \in A$;

Então $A = \mathbb{N}$.

**3.** Segunda forma do Princípio da Indução Finita, **2º P.I.F.**.

Se A é um conjunto de números naturais, onde

a) $1 \in A$; b) $n + 1 \in A$ sempre que $1,2, \dots, n \in A$;

Então $A = \mathbb{N}$.

Vamos assumir o **P.B.O.** como verdadeiro e a seguir mostraremos a equivalência matemática entre os três princípios[2] enunciados anteriormente.

> **Proposição 1.** *O Princípio da boa ordem,* ***P.B.O.****, o* ***1º P.I.F.*** *e o* ***2º P.I.F.*** *são equivalentes.*

**Demonstração:**

Vamos provar que **P.B.O. ⇒ 1º P.I.F. ⇒ 2º P.I.F. ⇒ P.B.O.**, fechando assim o ciclo de verdades e garantindo a equivalência das proposições.

**P.B.O. ⇒1º P.I.F.**

Seja $A$ um conjunto não vazio em que as hipóteses do **1º P.I.F.** estejam asseguradas. Suponhamos por absurdo que $A$ não contém todos os números naturais. Deste modo existe um conjunto $B$ não vazio de números naturais, onde nenhum elemento de $B$ é elemento de $A$. Pelo **P.B.O.** existe um menor elemento $m \in B$, $m \neq 1$, pois $1 \in A$. É claro que $m - 1 \notin B$, logo $m - 1 \in A$, e pela propriedade b), $(m - 1) + 1 = m \in A$, caracterizando o absurdo.

**1º P.I.F. ⇒ 2º P.I.F.**

Seja $A$ um conjunto satisfazendo as condições do **2º P.I.F.**. Considerando os conjuntos $A_n = \{1, 2, \dots, n\}$, por hipótese $A_1 \subset A$. Vamos mostrar que para todo $n \in \mathbb{N}, A_n \subset A$.

Para tanto, vamos assumir que $A_n \subset A$, e provar que $A_{n+1} = \{1, 2, \dots, n, n + 1\} \subset A$, e utilizando o **1º P.I.F.** concluir a proposição. De fato, como $\{1, 2, \dots, n\} \subset A$, e pelo item b) do **2º P.I.F.**, temos que $n + 1 \in A$ e, por conseguinte $A_{n+1} \subset A$, e fazendo uso do **1º P.I.F.**, temos que $A = \mathbb{N}$.

---

[2] O **1º P.I.F.** é conhecido também por Princípio de indução matemática fraca, enquanto o **2º P.I.F.** é também conhecido como Princípio de indução matemática forte.

**2º P.I.F. ⇒ P.B.O.**

Seja $A \neq \emptyset$ um conjunto de números naturais. Vamos assumir por absurdo que $A$ não possui menor elemento. Como 1 é o menor número natural, $1 \notin A$. Supondo que $1, 2, \ldots, n$ não pertençam a $A$, vamos provar que $n + 1 \notin A$. De fato se $n + 1 \in A$, então $m = n + 1$ é o menor elemento de $A$, o que não é verdade. Logo pelo **2º P.I.F.**, para qualquer $n \in \mathbb{N}$, $n \notin A$, ou seja, $A = \emptyset$, o que é um absurdo. ■

**Observações**

*1. É muito comum em matemática descrever um conjunto A via uma propriedade P satisfeita por seus elementos. Deste modo, pode-se escrever* $A = \{x |\, P(x)\}$, *como por exemplo,* $A = \{x \in \mathbb{Z} |\, x \text{ é ímpar}\}$. *Assim podemos reescrever os princípios de indução da seguinte maneira.*

***1º P.I.F.*** *Se P é uma propriedade envolvendo números naturais tal que:*

*a) P(1) é verdadeira;*

*b) P(n) é verdadeira implicar em P(n+1) também verdadeira;*

*Então P(n) é verdadeira para qualquer n natural.*

***2º P.I.F.*** *Se P é uma propriedade envolvendo números naturais tal que:*

*a) P(1) é verdadeira;*

*b) P(1), P(2),..., P(n) é verdadeira implicar em P(n+1) também verdadeira;*

*Então P(n) é verdadeira para qualquer n natural.*

*2. Há muitos casos em que proposições são verdadeiras a partir de certo* $k > 1$. *Nestes casos pode-se trocar P(1) por P(k), de modo que P(n) é verdadeira para todo* $n \geq k$.

## 1.3 Problemas Propostos

**Problema 1.** Prove as proposições abaixo:

a) $1 + 2 + 3 + \cdots + n = \frac{n(n+1)}{2}, \forall\, n \in \mathbb{N}$;

b) $1^2 + 2^2 + \cdots + n^2 = \frac{n(n+1)(2n+1)}{6}, \forall\, n \in \mathbb{N}$.

**Problema 2.** Seja $f: \mathbb{R} \to \mathbb{R}$ a função dada por $f(x) = x^n$, onde $n \in \mathbb{N}$. Sabendo que para $n = 1$, a derivada $f'(x) = 1$, mostre utilizando indução e a regra da derivada de um produto de funções que $f'(x) = nx^{n-1}, \forall\, n \in \mathbb{N}$.

**Problema 3.** Considerando $H_n = 1 + \frac{1}{2} + \frac{1}{3} + \cdots + \frac{1}{n}, mostre\ que\ H_{2^n} > 1 + \frac{n}{2}, para\ n \geq 2$.

**Problema 4.** Mostre que

$$1 + 3 + 5 + \cdots + (2n - 1) = n^2, \forall\, n \in \mathbb{N}.$$

*Para os próximos problemas, será útil relembrar a definição de divisão inteira:*

*Se $a, b \in \mathbb{Z}$, $a \neq 0$, dizemos que $a$ divide $b$, e denotamos por $a|b$, se existir $k \in \mathbb{Z}$ tal que $b = ak$.*

*E também que se $a|b$ e $a|c$, então $a|rb + sc$, para quaisquer $r, s \in \mathbb{Z}$.*

**Problema 5.** Mostre que $3|2^{2n} - 1$, para todo $n \in \mathbb{N}$.

**Problema 6.** Mostre, utilizando indução que se $x, y \in \mathbb{R}$, com $x \neq y$, então $(x - y)|\,(x^n - y^n)$, para todo $n \in \mathbb{N}$.

**Problema 7.** Verifique as seguintes desigualdades.

a) $n! > 2^n, para\ n \geq 4$;

b) $n^2 > 2n + 1, para\ n \geq 3$.

**Problema 8.** Seja n um número natural maior ou igual a 12. Prove que $n$ pode ser escrito como $n = 4r + 5s$, para $r, s \in \mathbb{Z}$.

**Problema 9.** Demonstre o teorema:

*Todo número natural* $n > 1$ *pode ser decomposto como um produto de números primos.*

**Problema 10.** Os números de Fibonacci $F_n$ são dados pela relação $F_n = F_{n-1} + F_{n-2}$, para $n > 2$, e $F_1 = 1 = F_2$. Prove que

a) $F_1 + F_2 + \cdots + F_n = F_{n+2} - 1$;

b) $F_1 + F_3 + \cdots + F_{2n-1} = F_{2n}$;

c) $F_2 + F_4 + \cdots + F_{2n} = F_{2n+1} - 1$;

d) $F_{n+1}^2 - F_n F_{n+2} = (-1)^n$.

**Problema 11.** Os números de Lucas, $L_n$, são definidos pelas equações $L_1 = 1, L_n = F_{n+1} + F_{n-1}$, para $n \geq 2$, onde $F_n$ são os números de Fibonacci. Prove que

a) $L_n = L_{n-1} + L_{n-2}$, para todo $n \geq 3$;

b) $L_1 + 2L_2 + 4L_3 + \cdots + 2^{n-1}L_n = 2^n F_{n+1} - 1$.

## 1.4 Soluções dos Problemas Propostos

**Solução do Problema 1.**

a) Seja $P(n)$: $1 + 2 + 3 + \cdots + n = \frac{n(n+1)}{2}$.

$P(1)$ é verdadeira pois $1 = \frac{1(1+1)}{2}$. Considerando por hipótese indutiva $P(n)$ verdadeira, provemos que $P(n+1)$: $1 + 2 + 3 + \cdots + n + (n+1) = \frac{(n+1)(n+2)}{2}$ também é verdadeira.

$$1 + 2 + 3 + \cdots + n + (n+1) = n(n+1)/2 + (n+1) =$$

$$\frac{n^2 + 3n + 2}{2} = \frac{(n+1)(n+2)}{2}.$$

Como as condições a) e b) do **1º P.I.F.** são satisfeitas, a proposição $P(n)$: $1 + 2 + 3 + \cdots + n = \frac{n(n+1)}{2}$ é verdadeira para todo $n \in \mathbb{N}$.

b) Considerando $P(n)$: $1^2 + 2^2 + \cdots + n^2 = \frac{n(n+1)(2n+1)}{6}$, $P(1)$ é verdadeira pois

$$1^2 = 1 = \frac{1(1+1)(2.1+1)}{6}.$$

Assumindo $P(n)$ verdadeira, vamos provar que $P(n+1)$: $1^2 + 2^2 + \cdots + n^2 + (n+1)^2 = \frac{(n+1)(n+2)(2n+3)}{6}$ também o é. Pela hipótese indutiva,

$$1^2 + 2^2 + \cdots + n^2 + (n+1)^2 = \frac{n(n+1)(2n+1)}{6} + (n+1)^2 =$$

$$\frac{n(n+1)(2n+1) + 6n^2 + 12n + 6}{6} =$$

$$\frac{(n+1)(n+2)(2n+3)}{6}.$$

Como as condições a) e b) do **1º P.I.F.** são satisfeitas, a proposição $P(n)$ é verdadeira para todo $n \in \mathbb{N}$.

**Solução do Problema 2.**

A regra da derivada de um produto de funções diferenciáveis $f$ e $g$ no ponto $x$ é tal que $(f + g)'(x) = f'(x)g(x) + f(x) + g'(x)$. Considere $P(n)$: $f'(x) = (x^n)' = nx^{n-1}$. A veracidade caso $P(1)$ é garantido por hipótese. Vamos provar que

$$P(n+1): (x^{n+1})' = (n+1)x^n.$$

Utilizando a regra da derivada do produto $xx^n$, temos: $(x\text{^}(n+1))' = (x)'x^n + x(x^n)' = x^n + nx^n = (n+1)x^n$. Pelo **1º P.I.F.**, $f(x) = x^n$, então $f'(x) = nx^{n-1}, \forall\, n \in \mathbb{N}$.

**Solução do Problema 3.**

Seja $P(n)$: $H_{2^n} > 1 + \frac{n}{2}$. Para $n = 2, P(2)$ é verdadeira, pois

$$H_4 = 1 + \frac{1}{2} + \frac{1}{3} + \frac{1}{4} > 1 + \frac{2}{2}.$$

Vamos assumir que $P(n)$ seja verdadeira, ou seja $H_{2^n} = 1 + \frac{1}{2} + \frac{1}{3} + \cdots + \frac{1}{2^n} > 1 + \frac{n}{2}$ e assim,

$$H_{2^{n+1}} = 1 + \frac{1}{2} + \frac{1}{3} + \cdots + \frac{1}{2^n} + \frac{1}{2^n+1} + \cdots + \frac{1}{2^{n+1}} >$$

$$1 + \frac{n}{2} + \frac{1}{2^n+1} + \frac{1}{2^n+2} + \cdots + \frac{1}{2^{n+1}}.$$

Cada $\frac{1}{2^n+j} \geq \frac{1}{2^{n+1}}$, para todo $1 \leq j \leq 2^n$, e por conseguinte,

$$\frac{1}{2^n+1} + \frac{1}{2^n+2} + \cdots + \frac{1}{2^{n+1}} \geq \frac{2^n}{2^{n+1}} = \frac{1}{2}.$$

Portanto,

$H_{2^{n+1}} > 1 + \frac{n}{2} + \frac{1}{2} = 1 + \frac{n+1}{2}$, e pelo **1º P.I.F.**, segue que

$H_{2^n} > 1 + \frac{n}{2}$, para todo $n \geq 2$.

**Solução do Problema 4.**

Para $n = 1$, como $1 = 1^2$, P(1) é verdadeira, onde

$$P(n): 1 + 3 + 5 + \cdots + (2n - 1) = n^2.$$

Assumindo $P(n)$ válida, temos que

$$1 + 3 + 5 + \cdots + (2n - 1) + (2n + 1) = n^2 + 2n + 1 = (n + 1)^2.$$

Logo pelo **1º P.I.F.**, temos assegurado à veracidade da proposição do problema.

**Solução do Problema 5.**

Para $n = 1, 3|2^2 - 1 = 3$, e assumindo válida para n a proposição $3|2^{2n} - 1$, vamos provar que $3|2^{2(n+1)} - 1$. De fato, $2^{2n+2} - 1 = 4.2^n - 1 = (3.2^n) + (2^{2n} - 1)$.

Pela hipótese indutiva $3|2^{2n} - 1$ e como $3|3.2^n$, temos que $3|(3.2^n) + (2^{2n} - 1)$. Portanto, segundo o **1º P.I.F.**, temos que $3|2^{2n} -1$, para todo $n \in \mathbb{N}$.

**Solução do Problema 6.**

Sejam $x, y \in \mathbb{R}$, com $x \neq y$. Para $n = 1$ é claro que $(x - y)|(x - y)$. Considerando a hipótese indutiva $(x - y)|\ (x^n - y^n)$, e escrevendo:

$$x^{n+1} - y^{n+1} = x^{n+1} - y^{n+1} + yx^n - yx^n = x^n(x-y) + y(x^n - y^n),$$

$x - y$ divide a soma $x^n(x-y) + y(x^n - y^n) = x^{n+1} - y^{n+1}$. Logo pelo **1º P.I.F.**, segue o resultado para todo $n \in \mathbb{N}$.

**Solução do Problema 7.**

a) Sendo $P(n)$: $n! > 2^n, P(4)$ é verdadeira pois $4! = 24 > 16 = 2^4$.

Assumindo $P(n)$ verdadeira,

$(n+1)! = n.n! + n! > n2^n + n! > 2^n + 2^n = 2^{n+1}$,

desde que $n \geq 4$. Portanto, pelo **1º P.I.F.**, $n! > 2^n$, para $n \geq 4$.

b) Para $n = 3, 3^2 = 9 > 2.3 + 1 = 7$. Assumindo a proposição válida para todo $n \geq 3$, provaremos que $(n+1)^2 > 2(n+1) + 1$.

$$(n+1)^2 = n^2 + 2n + 1 > 4n + 4 > 2n + 3.$$

Pelo **1º P.I.F.**, fica comprovado que $n^2 > 2n + 1$, para $n \geq 3$.

**Solução do Problema 8.**

Para $n = 12$, podemos escrever $12 = 4.2 + 5.1$. Assumindo o proposto pelo problema válido para $12, 13, \dots, n$, vamos provar que existem $r, s \in \mathbb{Z}$ tais que $n + 1 = 4r + 5s$. De fato, $n + 1 = n +\ (3 - 3) + 1 = (n - 3) + 4$. Pela hipótese indutiva existem $r$ e $s$ inteiros tais que $n - 3 = 4r + 5s$, logo $n + 1 = 4r + 5s + 4 = 4(r + 1) + 5s$, de modo que pelo **2º P.I.F.**, podemos concluir o proposto pelo problema em questão.

**Solução do Problema 9.**

Para n=2, já temos a decomposição.

Seja $n$ um número natural, $n > 1$, se $n$ é primo não há mais nada o que demonstrar. Considere $n$ composto, $n = mr$, com $1 < m, r < n$. Assumindo por hipótese indutiva que todo número $l, n > l > 1$ pode ser decomposto em fatores primos, vamos provar que $n$ também pode ser decomposto em fatores primos.

De fato, por hipótese existem $p_1, p_2, \dots, p_h, q_1, q_2, \dots, q_s$ números primos tais que $m = p_1 p_2 \dots p_h$ e $r = q_1 q_2 \dots q_s$, de modo que,

$n = mr = p_1 p_2 \dots p_h q_1 q_2 \dots q_s$, e assim pelo **2º P.I.F.**, comprova-se a veracidade do teorema.

**Solução do Problema 10.**

a) Seja $P(n)$: $F_1 + F_2 + \cdots + F_n = F_{n+2} - 1$. $P(1)$ é verdadeira pois $F_3 = 2$, e $F_3 - 1 = 1 = F_1$ e considerando como hipótese indutiva $P(n)$, temos:

$F_1 + F_2 + \cdots + F_n + F_{n+1} = F_{n+2} - 1 + F_{n+1} = F_{n+3} - 1$, provando a veracidade de $P(n+1)$. Logo pelo **1º P.I.F.**, $F_1 + F_2 + \cdots + F_n = F_{n+2} - 1$, para qualquer $n$ natural.

b) Para $n = 1$ a propriedade $P(n)$: $F_1 + F_3 + \cdots + F\_(2n-1) = F_{2n}$ é verdadeira, pois $F_1 = 1 = F_2$. Assumindo por hipótese de indução a veracidade de $P(n)$, vamos provar que

$F_1 + F_3 + \cdots + F_{2n-1} + F_{2n+1} = F_{2n+2}$.

De fato, $F_1 + F_3 + \cdots + F_{2n-1} + F_{2n+1} = F_{2n} + F_{2n+1} = F_{2n+2}$. De modo que pelo **1º P.I.F.**, $F_1 + F_3 + \cdots + F_{2n-1} = F_{2n}, \forall\, n \in \mathbb{N}$.

c) Para $n - 1$, a proposição $F_2 + F_4 + \cdots + F_{2n} = F_{2n+1} - 1$ é verdadeira pois $F_2 = 1 = F_3 - 1$. Assumindo a proposição válida para $n$, temos:

$F_2 + F_4 + \cdots + F_{2n} + F_{2n+2} = F_{2n+1} - 1 + F_{2n+2} = F_{2n+3} - 1$. Portanto, pelo **1º P.I.F.**, segue a proposição do item c).

d) Para $n = 1, F_2^2 - F_1F_3 = -1$, e assumindo $F_{n+1}^2 - F_nF_{n+2} = (-1)^n$ como verdadeiro, Vamos provar que $F_{n+2}^2 - F_{n+1}F_{n+3} = (-1)^{n+1}$.

$$F_{n+2}^2 - F_{n+1}F_{n+3} = F_{n+2}^2 - F_{n+1}(F_{n+2} - F_{n+1}) =$$

$$F_{n+2}^2 - F_{n+1}F_{n+2} - F_{n+1}^2 =$$

$$F_{n+2}(F_{n+2} - F_{n+1}) - F_{n+1}^2 =$$

$$F_{n+2}F_n - F_{n+1}^2 = (-1)^{n+1}.$$

Portanto, pelo **1º P.I.F.**, $F_{n+1}^2 - F_nF_{n+2} = (-1)^n, \forall\, n \in \mathbb{N}$.

**Solução do Problema 11.**

a) Para $n = 3, L_3 = 4 = L_2 + L_1$. Assumindo que $L_n = L_{n-1} + L_{n-2}$, temos:

$L_{n+1} = F_{n+2} + F_n = (F_{n+1} + F_{n-1}) + (F_n + F_{n-2}) = L_n + L_{n-1}$. Logo pelo **1º P.I.F.**, $L_n = L_{n-1} + L_{n-2}$, para todo $n \geq 3$.

b) Para $n = 1, L_1 = 1 = 2F_2 - 1$. Assumindo válida para $n$ a proposição: $L_1 + 2L_2 + 4L_3 + \cdots + 2^{n-1}L_n = 2^nF_{n+1} - 1$, temos:

$$L_1 + 2L_2 + \cdots + 2^{n-1}L_n + 2^nL_{n+1} = 2^nF_{n+1} - 1 + 2^nL_{n+1} =$$

$$2^n(F_{n+1} + L_{n+1}) = 2^n(F_{n+1} + F_{n+2} + F_n) =$$

$$2^n(2F_{n+2}) = 2^{n+1}F_{n+2}.$$

Portanto, pelo **1º P.I.F.**, a proposição do item b) é verdadeira.

# 2. PRINCÍPIOS DE CONTAGEM

## DESTAQUES DO CAPÍTULO

| * | Enunciado dos princípios aditivo e multiplicativo. |
|---|---|
| * | Fórmulas envolvendo combinações e permutações. |
| * | 16 demonstrações feitas utilizando argumentos combinatórios. |

## 2.1 Introdução

Caro leitor, neste capítulo tratamos dos princípios básicos de contagem. Enunciamos estes como princípios (verdades axiomáticas), porém estes podem decorrer como proposições, levando em consideração que a contagem de elementos é feita de maneira bijetiva[1].

A partir dos princípios básicos de contagem vamos encontrar fórmulas específicas para contagem em certas situações em que não há repetição de elementos e hora a ordem de escolha de elementos importa, hora não. Estamos falando aqui de permutações e combinações de elementos em conjuntos finitos.

Apresentaremos o mínimo da teoria de contagem de modo à bem compreender resultados de progressões aritméticas envolvendo o número de combinações. Na seção de problemas resolvidos vamos demonstrar identidades priorizando o uso de argumentos combinatórios, pois como a natureza de uma prova combinatória é puramente bijetiva, retornamos assim à essência da simplicidade da teoria de contagem.

[1] Sugerimos Charalambides [4] para um estudo mais aprofundado.

## 2.2 Permutações e Combinações

**O Princípio Aditivo.** Se $A_1, A_2, \dots, A_n$ são conjuntos, disjuntos 2 a 2, e se $A_i$ possui $a_i$ elementos ($1 \leq i \leq n$), então a união $A_1 \cup A_2 \cup \dots \cup A_n$ possui $\sum_{i=1}^{n} a_i = a_1 + a_2 + \cdots + a_n$ elementos.

**O Princípio Multiplicativo.** Se $A_1, A_2, \dots, A_n$, são conjuntos, onde $A_i$ tem $m_i$ elementos, $1 \leq i \leq n$, então o produto cartesiano $A_1 \times A_2 \times \dots \times A_n$ possui exatamente $m_1 . m_2 ... m_n$ elementos.

Alguns livros definem o princípio multiplicativo de forma equivalente:

*Se um evento $A_i$ pode ocorrer de $m_i$ maneiras diferentes, para $i = 1,2,3,\dots,n$, então esses $n$ eventos podem ocorrer, em sucessão de $m_1 . m_2 ... m_n$ maneiras diferentes.*

Denotamos o número de elementos de um conjunto finito $A$ por $n(A)$.

Ex. Quando Leonardo Euler completar trinta anos terá que fazer as seguintes escolhas: ou ele se casa com uma de três pretendentes, ou compra uma bicicleta de um total de quatro tipos distintos de bicicletas. De quantas maneiras Euler pode fazer essas suas escolhas?

**Solução:**

Aqui podemos denotar o conjunto das pretendentes de Euler de $A = \{a_1, a_2, a_3\}, e\ B = \{b_1, b_2, b_3, b_4\}$ o conjunto dos tipos de bicicletas. Pelo princípio aditivo, Euler tem $n(A) + n(B) = 7$ escolhas possíveis.

Ex. Suponha agora que Euler tem que obrigatoriamente se casar com uma pretendente e comprar uma bicicleta. De quantas maneiras ele pode fazer isto?

**Solução:**

Note que cada escolha de Euler é do tipo $(a, b)$, onde $a \in A$ e $b \in B$. Pelo princípio multiplicativo, Euler pode realizar a tarefa de $n(A) \times n(B) = 12$ maneiras distintas.

Seguem abaixo as definições de $k-permutações$ de $n$ elementos e de $k-combinações$ de $n$ elementos, também conhecidos como arranjos de $n$ elementos tomados $k$ a $k$ e combinações de $n$ elementos tomados $k$ a $k$, respectivamente.

**Definição 1.** Seja $A_n = \{a_1, a_2, \ldots, a_n\}$ um conjunto arbitrário de $n$ elementos. Para $0 < k \leq n$, **uma** $\boldsymbol{k-permutação}$ **de elementos de** $\boldsymbol{A_n}$ (ou simplesmente uma $k-permutação$ de $n$ elementos) é uma k-upla de elementos não repetidos de $A_n$.

Ex. Considerando $A_4 = \{a_1, a_2, a_3, a_4\}$, as $2-permutações$ de $A_4$ são: $(a_1, a_2), (a_2, a_1), (a_3, a_1), (a_1, a_3), (a_4, a_1), (a_1, a_4), (a_3, a_2), (a_2, a_3),$

$$(a_3, a_2), (a_4, a_2), (a_2, a_4) \; e \; (a_4, a_3).$$

Quando $k = n$ uma $n-permutação\ de\ n\ elementos$ é chamada simplesmente de uma $permutação\ de\ n\ elementos.$

Ex. Em que ordem **M**iguel, **T**auan e **S**ofia podem sentar-se em fila?

**Solução:**

A resposta deste problema está associado às permutações de 3 elementos do conjunto A={M,T,S}.

As maneiras destas pessoas se sentarem em fila são: $(M, T, S)$ (Miguel na frente, seguido por Tauan e encerrando a fila com Sofia), $(M, S, T), (T, M, S), (T, S, M), (S, M, T) \; e \; (S, T, M)$.

**Definição 2.** Seja $A_n = \{a_1, a_2, \ldots, a_n\}$ um conjunto arbitrário com $n$ elementos. Para $0 < k \leq n$, uma $\boldsymbol{k-combinação}$ **de elementos de** $\boldsymbol{A_n}$ (ou simplesmente uma $k-combinação$ de $n$ elementos) é um subconjunto com $k$ elementos não repetidos de $A_n$.

Ex. As $2-combinações$ de $n = 4$, são: $\{a_1, a_2\}, \{a_1, a_3\}, \{a_1, a_4\}, \{a_2, a_3\}, \{a_2, a_4\} \; e \; \{a_3, a_4\}.$

Note que como um conjunto, a ordem dos elementos não importa, é claro que para certo $k$, $0 < k < n$ o número de $k - permutações$ de $n$ é maior do que o número de $k - combinações$ de $n$. O quanto maior veremos pouco a frente.

Abaixo deduzimos fórmulas para o número de $k - permutações$ e $k - combinações$ de $n$ elementos.

**Teorema 1.** Sendo $0 < k \leq n$, o número de $k - permutações$ de $n$ elementos, $P(n, k)$ é dada por

$$P(n, k) = n(n-1)(n-2)\ldots(n-(k-1)) = \frac{n!}{(n-k)!}$$

**Demonstração.**

Considere $A_n = \{a_1, a_2, \ldots, a_n\}$ um conjunto arbitrário de $n$ elementos. Uma $k - permutação$ de elementos de $A_n$ é uma k-upla do tipo $(b_1, b_2, \ldots, b_k)$, com $b_i \in A_n$, $1 \leq i \leq k$.

· Podemos escolher $b_1$ de $n$ maneiras em $B_1 = A_n$;

· Escolhido $b_1$, podemos escolher $b_2$ de $n - 1$ maneiras em $B_2 = A_n - \{b_1\}$;

· Novamente podemos escolher $b_3$ de $n - 2$ maneiras em $B_3 = A_n - \{b_1, b_2\}$ e assim sucessivamente.

· Finalmente tomamos $b_k$ em $B_k = A_n - \{b_1, b_2, \ldots, b_{k-1}\}$.

O número de k-uplas possíveis, como descritas acima, é igual ao número de $k - permutações$ de $n$ elementos. Pelo princípio multiplicativo há $n(A_1).n(A_2)\ldots n(A_k)$ permutações, logo

$$P(n, k) = n(A_1)n(A_2)\ldots n(A_k) = n(n-1)(n-2)\ldots(n-(k-1)).$$

Multiplicando e dividindo $P(n, k)$ por $(n - k)!$ temos a conhecida fórmula:

$$P(n, k) = \frac{n!}{(n-k)!}. \blacksquare$$

Ex. O número de 5-uplas de 9 elementos é igual ao número de $5-$ $permutações$ de 9 elementos dado por:

$$P(9{,}5) = \frac{9!}{4!} = 15120.$$

**Observação**

*Definimos:* $P(n,0) = 1$, *e* $P(n,k) = 0$, *para* $k < 0$.

**Teorema 2.** Sendo $0 < k \leq n$, o número de $k - combinações$ de $n$ elementos, $C(n,k)$ é dado por

$$C(n,k) = \frac{n!}{(n-k)!\,k!}.$$

**Demonstração.**

Para cada escolha de um subconjunto de $k$ elementos $C_k = \{b_1, \dots, b_k\}$ de $A_n = \{a_1, a_2, \dots, a_n\}$ temos $k!$ maneiras de reordenar os elementos do subconjunto $C_k$ e obter assim $k!$ $k - permutações$ de elementos de $C_k$. Ou seja, cada $k - combinação$ de $n$ elementos está associada a $k!$ $k$ – *permutações* de $n$ elementos. Considerando todas as $k - combinações$ de $n$ elementos existentes, temos

$k!\,C(n,k) = P(n,k)$, e portanto,

$$C(n,k) = \frac{n!}{(n-k)!\,k!}. \blacksquare$$

Ex. O número de subconjunto de 5 elementos de um conjunto com 9 elementos é igual ao número de $5 - combinações$ de 9 elementos, e é dado por:

$$C(9{,}5) = \frac{9!}{(9-5)!\,5!} = 126.$$

**Observação**

*Definimos:* $C(n,0) = 1$, *e* $C(n,k) = 0$, *para* $k < 0$.

**Proposição 2. (Relação de Stifel)** Para $1 < k \leq n$, tem-se:

$$C(n,k) = C(n-1,k-1) + C(n-1,k)$$

**Demonstração. (Problema 13)**

**Proposição 3. (O Teorema das colunas)** Para $1 \leq j \leq n$, vale:

$$C(j,j) + C(j+1,j) + C(j+2,j) + \cdots + C(n,j) = C(n+1,j+1).$$

**Demonstração.**

A demonstração se dará por indução sobre $n$ (aqui, $j$ é fixo).

Para $n = 1$ a proposição é verdadeira, pois

$$C(1,1) = 1 = C(2,2).$$

Supondo válida a proposição para $n$, vamos provar que

$$C(j,j) + C(j+1,j) + \cdots + C(n,j) + C(n+1,j) = C(n+2,j+1).$$

De fato, utilizando a hipótese indutiva, temos

$$C(j,j) + C(j+1,j) + \cdots + C(n,j) + C(n+1,j) =$$

$$C(n+1,j+1) + C(n+1,j) =$$

$$C(n+2,j+1),$$

pela **relação de Stifel**.

Concluímos, pelo **1º P.I.F.**, que a proposição é verdadeira, para todo $n$ natural. ■

## 2.3 Problemas Propostos

**Problema 12.** Uma placa de carro no Brasil é formada por sete dígitos: quatro números e três letras como **ABC0123**. Encontre o número total de placas possíveis.

**Problema 13.** Prove a relação de Stifel (**proposição 2**).

**Problema 14.** Sendo $2 \leq k \leq n$, uma $k - permutação$ de $n$ elementos com repetição é uma k-upla de elementos $A_n = \{a_1, a_2, \dots, a_n\}$ onde cada entrada pode ser repetida. Se denotarmos $PR(n,k)$ o número de *k-permutações com repetição de n*, encontre:

a) $PR(5,3)$. b) Uma fórmula para $PR(n,k)$.

**Problema 15.** Em um parque de diversões há um brinquedo que gira sobre um eixo, chamado COMBINATRON. Este possui uma fila de quatro cadeiras dispostas lado a lado sobre o eixo de rotação. De quantas maneiras um grupo de 5 homens e 6 mulheres podem se divertir no COMBINATRON?

**Problema 16.** Prove as seguintes identidades combinatórias:

a) Sejam $i, j \in \mathbb{Z}$, com $i \geq j + 1$ e $j \geq 0$. Então:

$$\sum_{h=0}^{j} (-1)^h C(i,h) = (-1)^j C(i-1,j).$$

b) $C(n+1,k)C(k,j) = C(n+1-j,k-j)C(n+1,j)$, para quaisquer $n, j$ e $k$ naturais.

**Problema 17.** Prove, utilizando argumentos combinatórios, as seguintes identidades:

a) $C(n,k) = C(n,n-k)$.

b) (Convolução de Vandermonde)

$$C(n+m,r) = \sum_{j=0}^{r} C(n,j)C(m,r-j)$$

**Problema 18.** Prove a seguinte identidade utilizando argumentos combinatórios.

$$C(2n,2) = 2C(n,2) + n^2.$$

**Problema 19.** (*O binômio de Newton*[2]) Considerando o binômio $(a+b)^n$, para $n \in \mathbb{N}$, mostre que o coeficiente de $c_i = a^i b^{n-i}$ na expansão do binômio é $C(n,i)$.

**Problema 20.** Encontre o coeficiente de $x^2$ na expansão de $\left(\frac{1}{x} + x^2\right)^{10}$.

**Problema 21.** (*Permutações circulares*) As crianças Miguel, Tauan e Sofia brincam de roda. De quantas maneiras elas podem brincar? E se houvessem $n$ crianças dispostas circularmente, de quantas maneiras elas podem brincar?

**Problema 22.** Suponha que dispomos de 20 bolas não enumeradas de cores branca, azul e preta. No caso há 10 bolas brancas, 6 azuis e 4 pretas. Partindo do princípio que as bolas são apenas distinguíveis por cores, de quantas maneiras podemos organizá–las em fila?

*O exercício a seguir é uma generalização de caso do exercício anterior.*

**Problema 23.** (*Permutações Generalizadas*) **Definição:** Seja $w_n$ uma coleção com n elementos não necessariamente distintos. Na coleção $w_n$ há $k$ grupos de elementos, e cada grupo $i$ possui $n_i$ elementos idênticos entre si $(1 \leq i \leq k)$, onde $n_1 + n_2 + \ldots + n_k = n$. Uma *permutação generalizada* de $w_n$ do tipo $n_1, n_2, \ldots, n_k$ é uma $n$–upla de elementos de $w_n$.

---

[2] Acredita-se que Newton tinha também o conhecimento da expansão $(a+b)^n$ para $n$ inteiro e negativo.

O número de $n-permutações\ generalizadas$ é denotado por $P(n;n_1,n_2,\ldots,n_k)$. Encontre uma fórmula para $P(n;n_1,n_2,\ldots,n_k)$.

**Problema 24.** Quantos anagramas[3] existem da palavra ARARAQUARA?

**Problema 25.** Certo código é escrito utilizando 6 letras e um número em qualquer ordem, como E1ERMIK,2WEKJRA, por exemplo. Quantas são as palavras-código possíveis utilizando as entradas INDIGOn, onde n é um dígito em {0,1,2,...,9}?

**Problema 26.** (*Combinações Generalizadas*) Definição: Seja $w_n$ uma coleção com $n$ objetos não necessariamente distintos. Na coleção $w_n$ há $k$ grupos de objetos, onde cada grupo $i$ possui $n_i$ objetos idênticos entre si $(1 \leq i \leq k)$, satisfazendo $n_1 + n_2 + \cdots + n_k = n$. Cada modo de alocar os objetos de $w_n$nos $n$ lugares disponíveis é chamado de *combinação generalizada* de $n$ elementos do tipo $n_1,n_2,\ldots,n_k$. O número de $n-combinações\ generalizadas$ do tipo $n_1,n_2,\ldots,n_k$ é denotada por $C(n;n_1,n_2,\ldots,n_k)$.

a) Mostre que

$$C(n;n_1,n_2,\ldots,n_k) =$$

$$C(n,n_1)C(n-n_1,n_2)\ldots C(n-n_1-n_2\ldots n_{k-1},n_k).$$

b) Conclua demonstrando a igualdade

$$C(n;n_1,n_2,\ldots,n_k) = P(n;n_1,n_2,\ldots,n_k).$$

**Problema 27.** Suponha que um lutador de boxe tenha o seguinte cartel: vinte e três vitórias, cinco derrotas e um empate. Considerando a sucessão de eventos de resultado de suas lutas, de quantas maneiras tais resultados podem ter ocorrido?

---

[3] Um anagrama de uma palavra é dado por uma permutação dos caracteres que compõem a palavra, por exemplo, CAOTR, é um anagrama da palavra TROCA.

**Problema 28.** a) Quantas sequências binárias formadas pelos algarismos 0 e 1 de comprimento n existem?

b) Quantas sequências binárias formadas pelos algarismos 0 e 1 existem tais que seu comprimento é $n$ e o número de algarismos 0 nas mesmas é $k$ $(n \geq k)$?

c) Quantas são as sequências ternárias formadas pelos algarismos 0, 1 e 2 existem tais que seu comprimento é $n$ e o número de algarismos 0 nas mesmas é $k$ $(n \geq k)$?

d) Generalize esta ideia para sequências j-nárias, onde o número de $0's$ é $k$ e o número de $1's$ é $l$, onde $l + k \leq n$.

**Problema 29.** (O Binômio de Newton Generalizado)

a) Mostre que para todo $n$ natural, tem-se:

$$(a_1 + a_2 + \cdots + a_k)^n =$$

$$\sum_{n_1 + \ldots + n_k = n} C(n; n_1, \ldots, n_k) a_1^{n_1} a_2^{n_2} \ldots a_k^{n_k}.$$

b) Encontre o coeficiente de $a^2b^3c^4d^6$ na expansão de $(a + b + c + d)^{15}$.

**Problema 30.** (*Soluções em inteiros positivos de equações lineares*)

a) Encontrar o número de soluções em inteiros positivos da equação: $x_1 + x_2 = 5$.

b) Para n>0, prove que o número de soluções em inteiros positivos da equação

$x_1 + x_2 + \cdots + x_r = n$ $(I)$, é dada por $C(n-1, r-1)$.

**Problema 31.** (Soluções em inteiros não negativos de equações lineares)

a) Encontre o número de soluções em inteiros da equação

$x_1 + x_2 + x_3 + x_4 = 11$, com as restrições: $x_1, x_3 > 0, x_2 \geq 0$ e $x_4 > 2$.

b) Mostre que o número de soluções em inteiros não negativos (isto é, 0 pode fazer parte da solução) da equação $x_1 + x_2 + \cdots + x_r = n\ (II)$ é dada por $C(n - 1 + r, r - 1)$.

**Problema 33.** O menino Miguel faz a seguinte afirmação: "Tenho dez bolinhas de gude, todas distintas entre si, e um saquinho. Posso colocar de zero a dez bolinhas no saquinho e tenho 1024 maneiras de fazer isto" A afirmação é verdadeira?

Problema 32. Uma criança enfileira quatro estacas no solo. E como ela possui cinco argolas brancas, ela inicia uma brincadeira lançando as argolas nas estacas a distância. Suponha que ela tenha encaixado todas as argolas.

a) De quantas maneiras ela pode ter feito isso?

b) Suponha agora que a criança pinte as argolas. Encontre o número de maneiras em que a criança pode encaixar todas as argolas.

c) Suponha que a criança consegue mais cinco argolas, totalizando dez argolas de cores distintas. De quantas maneiras a criança pode encaixar as argolas nas estacas?

d) De quantas maneiras a criança pode encaixar as dez argolas coloridas desde que cada estaca receba pelo menos uma argola?

**Problema 34.** (*Permutações Caóticas*) Uma *permutação caótica de n elementos*[4] é uma n-upla de elementos de $A_n = \{a_1, a_2, \ldots, a_n\}$, onde nenhum dos $a_i's$ encontram-se na $i$-ésima posição. Como por exemplo, $(a_2, a_3, a_1), (a_3, a_1, a_2)$ são permutações caóticas de 3 elementos. O número de permutações caóticas de n elementos é denotado por $D_n$.

a) Utilizando argumentos combinatórios, mostre que:

$D_n = (n - 1)(D_{n-1} + D_{n-2})$, para todo $n \geq 2$.

---

[4] Uma permutação caótica de n elementos é também conhecida como um $n - desarranjo$.

b) Assumindo que $D_n - (-1)^n = nD_{n-1}$, mostre que

$$D_n = n!\left(1 - \frac{1}{1!} + \frac{1}{2!} - \frac{1}{3!} + \cdots + \frac{(-1)^n}{n!}\right), \forall n \geq 1.$$

**Problema 35.** Em certa empresa, todos os funcionários na época de Natal decidem brincar de "amigo secreto". Esta brincadeira consiste em sortear o nome de algum colega (obrigatoriamente diferente do seu) e apenas revelar quem é seu amigo no dia combinado e presenteá-lo. Supondo que esta empresa tenha dez funcionários, de quantas maneiras podem ocorrer os sorteios de amigo secreto?

## 2.4 Soluções dos Problemas Propostos

**Solução do Problema 12.** Como há 26 letras no nosso alfabeto e 10 dígitos, pelo princípio multiplicativo existem

$26^3 \times 10^4 = 175.760.000$ códigos de placas disponíveis.

**Solução do Problema 13.** Considere os conjuntos $C_k\ (A_n)$ formado pelos subconjuntos com $k$ elementos de $A_n = \{a_1, a_2, \dots, a_n\}$, $X$ e $Y$ subconjuntos de $C_k\ (A_n)$, onde todos os elementos de $X$ tem $a_1$ como elemento e $a_1$ não é elemento dos conjuntos de $Y$. Note que:

1. O número de elementos de $X$, $n(X)$ é dado por $n(X) = C(n-1, k-1)$, pois uma posição é fixa (tendo $a_1$ como elemento), e há apenas $n-1$ possibilidades de escolhas de elementos de $A_n$;

2. O número de elementos de $Y$ é dado por $n(Y) = C(n-1, k)$, pois perde-se uma opção nas escolhas de elementos de $A_n$.

3. $X \cap Y = \emptyset$ e $X \cup Y = C_k(A_n)$.

Logo, pelo princípio aditivo,

$$n(C_k(A_n)) = C(n,k) = n(X) + n(Y) =$$

$C(n-1, k-1) + C(n-1, k)$.

**Solução do Problema 14.** a) Considerando uma 3-upla de elementos em $A_5 = \{a_1, a_2, a_3, a_4, a_5\}$ em que cada entrada pode ser repetida, por exemplo, $(a_1, a_1, a_2)$, pelo princípio multiplicativo há $5^3 = 125$ uplas deste tipo. Logo $PR(5,3) = 125$.

b) Pensando de forma análoga ao item a), considerando agora k-uplas de elementos em $A_n = \{a_1, a_2, \dots, a_n\}$, pelo princípio multiplicativo há $n^k$ destas uplas, de modo que $PR(n, k) = n^k$.

**Solução do Problema 15.** Podemos subdividir em casos separando por grupos de homens e mulheres entrando no COMBINATRON.

1. Três mulheres e um homem;

2. Dois homens e duas mulheres;

3. Três homens e uma mulher;

4. Quatro homens e nenhuma mulher.

No primeiro caso, pelo princípio multiplicativo, podemos fazer as escolhas de $C(5,1)C(6,3)$ maneiras. No segundo, terceiro e último caso, têm-se $C(5,2)C(6,2)$, $C(5,3)C(6,1)$ e $C(5,4)C(6,0)$ maneiras de fazer as escolhas, respectivamente. Para cada caso há 4! maneiras dos escolhidos se sentarem em fila.

Pelo princípio aditivo temos:

$4!\,C(5,1)C(6,3) + 4!\,C(5,2)C(6,2) + 4!\,C(5,3)C(6,1) + 4!\,C(5,4)C(6,0) =$ 7560 modos de 5 homens e 6 mulheres se divertirem no COMBINATRON.

**Solução do Problema 16.** a)

$$\sum_{h=0}^{j} (-1)^j C(i, h) =$$

$$C(i,0) - C(i,1) + C(i,2) - \cdots + (-1)^j C(i,j) =$$

$$C(i,0) - \big(C(i-1,0) + C(i-1,1)\big) + \big(C(i-1,1) + C(i,2)\big) - \cdots +$$

$$(-1)^j (C(i-1,j-1) + C(i-1,j)) = (-1)^j C(i-1,j).$$

Na última passagem utilizamos a **relação de Stifel.**

b)

$$C(+1,k)C(k,j) = \left(\frac{(n+1)!}{j!\,(n+1-j)!}\right)\left(\frac{(n+1-j)!}{(k-j)!\,(n+1-k)!}\right) =$$

$$\left(\frac{(n+1)!}{(n+1-k)!\,k!}\right)\left(\frac{k!}{(k-j)!\,j!}\right) = C(n+1-j,k-j)C(n+1,j).$$

**Solução do Problema 17.** a) Para cada escolha de um subconjunto com k elementos de $A_n$, há um subconjunto complementar com n-k elementos de $A_n$, caracterizando a bijeção. Logo $C(n,k) = C(n,n-k)$.

b) Considere os conjuntos disjuntos $X = \{a_1, a_2, \dots, a_n\}$ e $Y = \{b_1, b_2 \dots, b_m\}$. Para cada $j$, considere o conjunto $A_j$ formado por subconjuntos com $j$ elementos de $X$ e $r-j$ elementos de $Y$. O número de elementos de $A_j$ é $C(n,j)C(m,r-j)$, pois há $C(n,j)$ de escolhermos os $j$ elementos de $X$ e $C(m,r-j)$ maneiras de escolher os $r-j$ elementos de $Y$, utilizando o princípio multiplicativo, garantimos o resultado $n(A_j) = C(n,j)C(m,r-j)$. Note que $A_i \cap A_j = \emptyset$, para $i \neq j$, logo, pelo princípio aditivo,

$$\sum_{j=0}^{r} n(A_j) = \sum_{j=0}^{r} C(n,j)C(m,r-j).$$

Como cada subconjunto de $Z = X \cup Y$ com $r$ elementos é tal que possui $j$ elementos de $X$ e $r-j$ elementos de $Y$, para algum $j$ entre 0 e $r$, tem-se que o conjunto de todos os subconjuntos de elementos de $Z$ com $r$ elementos, $C$ é tal que

$C = A_1 \cup A_2 \cup ... \cup A_r$.Sabendo que $n(C) = C(n+m,r)$, obtemos:

$$C(n+m,r) = \sum_{j=0}^{r} C(n,j)C(m,r-j).$$

Podemos demonstrar a fórmula de convolução de Vandermonde de outra maneira, menos formal e mais lúdica, como a seguir.

Suponha que há uma caixa $m$ bolas numeradas brancas e $n$ bolas numeradas pretas. Desejamos colocar em um saco $r$ bolas escolhidas ao acaso da caixa. Sabemos que temos $C(n+m,r)$ maneiras de fazer isto, e podemos fazê-lo da seguinte maneira: para cada $j$, tal que $0 \leq j \leq 0$, escolhemos $j$ bolas brancas e completamos o restante, com bolas pretas. Podemos fazer isto de $C(n,j)C(m,r-j)$ maneiras, resultando na igualdade:

$$C(n+m,r) = \sum_{j=0}^{r} C(n,j)C(m,r-j).$$

**Solução do Problema 18.** Seja $A_{2n} = \{a_1, a_2, ..., a_n, ..., a_{2n}\}$ um conjunto com $2n$ elementos. Considerando $X = \{a_1, a_2, ..., a_n\}$ e $Y = \{a_{n+1}, ..., a_{2n}\}$, temos que $X \cap Y = \emptyset$ e $X \cup Y = A_{2n}$. Cada subconjunto de $A_{2n}$ com dois elementos é do tipo:

1. Com dois elementos de $X$;

2. Com dois elementos de $Y$;

3. Com um elemento de $X$ e outro de $Y$.

O número de subconjuntos do tipo 1 é $C(n,2)$, e o do tipo 2, também. Como podemos escolher de $n$ modos elementos de $X$ para fazer par com $n$ elementos de $Y$, pelo princípio multiplicativo há $n^2$ subconjuntos do tipo 3. O número de subconjuntos de $A_{2n}$ com dois elementos é $C(2n,2)$ e é igual ao número de subconjuntos do tipo 1, 2 e 3, que pelo princípio aditivo são enumerados por $2C(n,2) + n^2$, o que confirma a fórmula:

$$C(2n,2) = 2C(n,2) + n^2.$$

**Solução do Problema 19.**

$(a+b)^n = \overbrace{(a+b)(a+b)\ldots(a+b)}^{n\ vezes}$. Podemos escolher $i$ símbolos $a$ no produto de $C(n,i)$ maneiras, e para cada escolha de $i$ símbolos $a$ no produto, resta um complementar de $n-i$ símbolos $b$, de modo que cada termo na expansão $c_i a^i b^{n-i}$ é tal que $c_i = C(n,i)$, e a expansão de $(a+b)^n$ é dada por:

$$(a+b)^n = \sum_{i=0}^{n} C(n,i) a^i b^{n-i}.$$

**Solução do Problema 20.** Utilizando a fórmula do binômio de Newton, temos:

$$\left(\frac{1}{x} + x^2\right)^{10} = \frac{1}{x^{10}}(1+x^3)^{10} = \frac{1}{x^{10}} \sum_{i=0}^{10} C(10,i) x^{3i}.$$

O coeficiente de $x^2$ é obtido para $i = 4$, e vale $C(10,4) = 210$.

**Solução do Problema 21.** a) Por tentativa é fácil ver que há apenas duas maneiras para as crianças se organizarem em uma roda.

b) Considere um círculo com $n$ crianças. Se rotacionarmos elas no sentido horário, por exemplo, a roda ainda é a mesma. Porém se fixarmos uma criança e permutarmos as outras, a roda é distinta. Logo o número destas crianças brincarem é igual ao que chamamos de *número de permutações circulares* de $n$ elementos, e é dado por $(n-1)!$.

**Solução do Problema 22.** Se as bolas forem uma a uma distinguíveis, teremos 20! maneiras. Porém precisamos retirar os casos idênticos. Como há 10 bolas brancas, podemos permutá-las de 10! maneiras, podemos permutar as azuis e pretas de 6! e 4! maneiras, respectivamente. Se denotarmos por $N$ o número de filas possíveis, temos:

$10!\,6!\,4!\,N = 20!$, e assim $N = \frac{20!}{10!6!4!}$.

**Solução do Problema 23.** Se os elementos de $w_n$ fossem todos distintos, claramente teríamos $n!$ possíveis permutações de elementos de $w_n$. Como há $k$ grupos de elementos iguais entre si e cada grupo há $n_i$ elementos, $1 \leq i \leq k$, temos:

$n_1!\,n_2!\,...\,n_k!\,P(n; n_1, n_2, ..., n_k) = n!$ e assim,

$$P(n; n_1, n_2, ..., n_k) = \frac{n!}{n_1!\,n_2!\,...\,n_k!}.$$

**Solução do Problema 24.** Existem $P(10;\ 2,3,5) = \frac{10!}{2!3!5!} = 2520$ anagramas da palavra ARARAQUARA.

**Solução do Problema 25.** Apenas para as entradas com letras, temos $P(6; 2,1,1,1,1) = \frac{6!}{2!} = 360$ possibilidades. Há sete espaços para alocar o dígito, para cada um dos dez dígitos (de zero a nove). Portanto, pelo princípio multiplicativo, temos $360 \times 7 \times 10 = 25200$ possibilidades de montar uma palavra código do tipo especificado.

**Solução do Problema 26.** a) Podemos alocar os $n_1$ objetos idênticos do grupo 1 de $C(n, n_1)$ maneiras, em seguida alocamos os $n_2$ objetos do grupo 2. Isto pode ser feito de $C(n - n_1, n_2)$ modos. Repetimos este processo até esgotar os grupos. Pelo princípio multiplicativo há

$$C(n, n_1)\, C(n - n_1, n_2) \,...\, C(n - n_1 - n_2 \,...\, n_{k-1}, n_k)$$

maneiras de alocar os objetos.

Como o número de maneiras de alocar objetos deste tipo é $C(n; n_1, n_2, ..., n_k)$, obtemos a fórmula:

$$C(n; n_1, n_2, ..., n_k) =$$

$$C(n, n_1)\, C(n - n_1, n_2) \,...\, C(n - n_1 - n_2 \,...\, n_{k-1}, n_k).$$

b) Observe que o ato de alocar $n$ objetos, matematicamente é o mesmo que considerá-los como uma $n$-upla. De modo que a definição de combinação generalizada é uma interpretação para a definição de uma permutação generalizada e, por conseguinte,

$$C(n; n_1, n_2, \dots, n_k) = P(n; n_1, n_2, \dots, n_k).$$

**Solução do Problema 27.** O histórico das sequências dos resultados (vitória, derrota ou empate) no cartel do lutador pode ter sido feito de $P(29;\ 23, 5, 1) = \frac{29!}{23!5!} = 2.850.120$ maneiras.

**Solução do Problema 28.** a) Cada sequência binária de comprimento $n$ é uma $n$-upla com entradas em $\{0,1\}$. Pelo princípio multiplicativo há $2^n$ sequências binárias possíveis.

b) Há dois grupos com elementos iguais entre si: um com $k\ zeros$ e outro com $n - k\ uns$. Logo o número de $n$-uplas com exatamente $k$ zeros é

$$P(n; k, n-k) = \frac{n!}{k!\,(n-k)!} = C(n, k).$$

c) Utilizando a ideia do item anterior, podemos encontrar os $k$ de $C(n, k)$ maneiras em uma $n$-upla formada por algarismos 0,1 e 2. Escolhidas k posições para os $0's$, há $n - k$ posições para $1's$ e $2's$, de modo que, pelo princípio multiplicativo, há $2^{n-k}C(n, k)$ $n$-uplas do tipo requerido.

d) Considerando $n$-uplas formadas com os elementos $0, 1, 2, \dots, j - 1$, pode-se colocar os $0's$ de $C(n, k)$ maneiras, e os 1's de $C(n, l)$maneiras, restando $n - k - l$ posições para os símbolos $2, \dots, j - 1$. Logo, pelo princípio multiplicativo, há: $(j - 2)^{n-k-l}C(n, k)C(n, l)$ sequências $j$-árias, onde o número de $0's$ é $k$ e o número de $1's$ é $l$.

**Solução do Problema 29.** Primeiramente, note que a soma dos expoentes de um termo $x_1^{n_1}x_2^{n_2} \dots x_k^{n_k}$ na expansão de $(x_1 + x_2 + \cdots + x_k)^n$ é tal que $n_1 + n_2 + \cdots + n_k = n$. Como

$(x_1 + x_2 + \cdots + x_k)^n =$

$$\overbrace{(x_1 + \cdots + x_k)(x_1 + \cdots + x_k) \ldots (x_1 + \cdots + x_k)}^{n \text{ vezes}},$$

e há $k$ grupos relacionados com as escolhas de $n_i$ símbolos $x_i$, $1 \leq i \leq k$, então as escolhas de cada $x_i$ pode ser feito de $C(n; n_1, n_2, \ldots, n_k)$ modos.

Logo o coeficiente de $x_1^{n_1} x_2^{n_2} \ldots x_k^{n_k}$ na expansão de $(x_1 + x_2 + \cdots + x_k)^n$ é $C(n; n_1, n_2, \ldots, n_k)$, concluindo o resultado proposto pelo problema.

b) Utilizando o teorema do binômio de Newton generalizado temos que o coeficiente de $a^2b^3c^4d^6$ na expansão de $(a + b + c + d)^{15}$ é

$$C(15; 2,3,4,6) = \frac{15!}{2!\,3!\,4!\,6!} = 6.306.300.$$

**Solução do Problema 30.** a) As soluções de $x_1 + x_2 = 5$ em inteiros positivos são quatro: $(1,4), (2,3), (3,2), (4,1)$.

b) Seja $(x_1, x_2, \ldots, x_r)$ uma solução de $(I)$. Transformamos em soma de $1's$ cada $x_i$ e separamos por $\oplus$ os $m - 1$ sinais de soma originais na equação. Deste modo $(I)$ pode ser escrita como:

$$\overbrace{1 + 1 + \cdots + 1}^{x_1} \oplus \overbrace{1 + 1 + \cdots + 1}^{x_2} \oplus \ldots \oplus \overbrace{1 + 1 + \cdots + 1}^{x_r} = n$$

Observe que temos $n$ $1's$ e $r - 1$ sinais $\oplus$. A cada mudança de posição de $\oplus$ encontramos uma solução diferente.

Cada solução distinta é um subconjunto com $r - 1$ elementos, referindo-se aos sinais $\oplus$, de um conjunto com $n - 1$ elementos, ou seja, cada solução encontrada é relacionada a uma $r - 1$ combinação de $n - 1$ elementos.

Portanto, há $C(n - 1, r - 1)$ soluções para $(I)$ em inteiros positivos.

**Solução do Problema 31.** a) Aqui temos $x_2 \geq 0$ e $x_4 \geq 3$. Assim consideremos a mudança de variáveis $y_2 = x_2 + 1$ $e$ $y_4 = x_4 - 2$ de modo que $y_2, y_4 > 0$, e assim, a equação

$x_1 + x_2 + x_3 + x_4 = 11$ pode ser reescrita como:

$x_1 + (y_2 - 1) + x_3 + (y_4 + 2) = 11$, sendo que esta equação é equivalente a:

$x_1 + y_2 + x_3 + y_4 = 10$, tendo

$C(10 - 1 + 4{,}4 - 1) = C(13{,}3\} = 286$ soluções com as restrições em questão.

b) Neste caso cada $x_i \geq 0$. Fazendo $y_i = x_i + 1 > 0$, para todo $1 \leq i \leq r$, a equação $(II)$ pode ser escrita como:

$(y_1 - 1) + (y_2 - 1) + \cdots + (y_r - 1) = n$, sendo esta equivalente a:

$y_1 + y_2 + \cdots + y_r = n + r$. Utilizando a fórmula do exercício anterior, a equação $(II)$ possui

$C(n - 1 + r, r - 1)$ soluções em inteiros não negativos.

**Solução do Problema 32.** a) Podemos associar este problema com uma equação do tipo $x_1 + x_2 + x_3 + x_4 = 5$, onde cada variável $x_i$ controla o número de argolas recebidas por estaca, $1 \leq i \leq 4$. Portanto o número de alocações de argolas possíveis é igual ao número de soluções em inteiros não negativos da equação acima, que é calculado por $C(5 + 4 - 1{,}4 - 1) = C(8{,}3) = 56$.

b) Mudando a ordem de encaixe de cada argola, o número de maneiras aumenta. Como há 5 argolas, podemos permutar estas de 5! maneiras, de modo que, pelo princípio multiplicativo há $5! \times C(8{,}3) = 6720$ modos de a criança encaixar as argolas.

c) De forma análoga ao exercício anterior, a criança pode encaixar as argolas de $10!\,C(10 + 4 - 1{,}10) = 10!\,C(13{,}10) = 1.037.836.800$ maneiras.

d) O número de maneiras de alocar as argolas, não levando em consideração as cores, está relacionado a encontrar o número de soluções em naturais do sistema $x_1 + x_2 + x_2 + x_4 = 10$, que é dado por $C(10-1{,}4-1) = C(9{,}3) = 84$. Logo o número de alocações das argolas em que todas as estacas recebam pelo menos uma argola, e levando em consideração as cores das argolas é $10!\,C(9{,}3) = 304.819.200$.

**Solução do Problema 33.** A afirmação feita por Miguel está relacionada ao problema de contagem do número de subconjuntos de um conjunto com n elementos.

Afirmamos o seguinte:

*O número de subconjunto de um conjunto A com n elementos é igual a*

$$N = C(n,0) + C(n,1) + \cdots + C(n,n-1) + C(n,n).$$

De fato cada termo da soma $C(n,i)$ conta o número de subconjuntos de $A$ com exatamente $i$ elementos, $0 \leq i \leq n$.

Note que $N$ é igual à expansão via binômio de Newton de $(1+1)^n$, de modo que podemos calcular $N$ facilmente: $N = 2^n$.

Relacionando cada modo de alocar as bolinhas de gude como um subconjunto de um conjunto $A = \{b_1, b_2, \dots, b_{10}\}$, das bolinhas de gude, a afirmação é Miguel é correta (vide o problema anterior), pois o número de subconjuntos de um conjunto $A$ é exatamente $2^{10} = 1024$.

**Solução do Problema 34.** a) Seja $C$ o conjunto de todas as permutações caóticas de $A_n = \{a_1, a_2, \dots, a_n\}$, $n > 1$, $X$ e $Y$ o subconjuntos de $C$, onde, respectivamente, a segunda entrada de toda permutação é $a_1$ e a segunda entrada de todo elemento é diferente de $a_1$.

- Para os elementos de $X$ há $n-1$ possibilidades para a primeira entrada, e se a segunda entrada é $a_1$, as outras possibilidades são enumeradas por $D_{n-2}$, logo pelo princípio multiplicativo $n(X) = (n-1)D_{n-2}$;

- Para as permutações de $Y$, novamente há $n-1$ escolhas possíveis para a primeira entrada, e como a segunda entrada não é $x_1$, e há $n-1$ entradas em uma dada permutação caótica de $Y$, então o número de permutações possíveis paras as últimas $n-1$ entradas é recursivamente dado por $D_{n-1}$. Por conseguinte, utilizando o princípio multiplicativo obtemos $n(Y) = (n-1)D_{n-1}$.

Note aqui que $X \cap Y = \emptyset$ e $C = X \cup Y$, e deste modo, pelo princípio aditivo temos:

$$n(C) = D_n = n(X) + n(Y) = (n-1)(D_{n-2} + D_{n-1}).$$

b) A demonstração será feita por indução sobre n. De fato a afirmação é verdadeira para n=1, pois $D_1 = 0 = 1!\,(1 - \frac{1}{1!})$. Supondo a afirmação válida para $n = 1, 2, \dots, k-1$, vamos provar o caso $n = k$.

Assumindo a hipótese de que $D_k - (-1)^k = kD_{k-1}$, temos:

$$D_k = k!\left(\frac{1}{2!} - \frac{1}{3!} + \cdots + \frac{1}{(k-1)!}\right) + (-1)^k =$$

$$k!\left(\frac{1}{2!} - \frac{1}{3!} + \cdots + \frac{(-1)^{k-1}}{(k-1)!} + \frac{(-1)^k}{k!}\right).$$

Pelo **2º P.I.F.** o resultado proposto é válido para todo $n \in \mathbb{N}$.

**Solução do Problema 35.** Note que cada sorteio entre os colegas da empresa está relacionado a uma permutação caótica de 10 elementos. Utilizando a fórmula encontrada no problema anterior, tem-se:

$D_{10} = 10!\left(1 - \frac{1}{1} + \frac{1}{2!} - \frac{1}{3!} + \cdots + \frac{(-1)^{10}}{10!}\right) = 1.334.961$ maneiras de realizar o sorteiro de amigo secreto desta empresa.

# 3. PROGRESSÕES ARTIMÉTICAS

## DESTAQUES DO CAPÍTULO

| * | Fórmula da soma dos primeiros n termos de uma progressão aritmética (p.a.). |
|---|---|
| * | Demonstração do fato: O termo geral $a_n$ de uma progressão aritmética (p.a.) de ordem $k$ é um polinômio de grau $k$ na variável $n$. |
| * | Fórmula para o termo geral $a_n$ de uma progressão aritmética de ordem $k$. |
| * | Fórmula da soma dos primeiros n termos de uma progressão aritmética de ordem $k$. |
| * | Algoritmos para o cálculo de somas do tipo $\sum_{k=1}^{n} p(k)$, onde $p(n)$ é um polinômio na variável $n$. |

## 3.1 Introdução

Neste capítulo trabalharemos com o conceito de progressões aritméticas, conteúdo apresentado no início do segundo ano do ensino médio. Como você já deve ter notado, no quotidiano, existe quantidades que crescem ou decrescem de maneira previsível como uma torneira que goteja duas gotas por segundo, pode-se encontrar facilmente quantas gotas cairão em dez horas. Isto está intimamente ligado a sequências nas quais a variação de cada termo para o seguinte é constante.

Apresentaremos o conceito de progressões aritméticas e provaremos a conhecida fórmula da soma dos primeiros n termos de sequências deste tipo e mais adiante mostraremos como tais progressões estão relacionadas com polinômios. Encerraremos este capítulo tratando do conceito de progressões aritméticas de ordem $k > 1$, de modo a generalizar o conceito ordinário de progressões aritméticas exibindo a conexão existente entre estas progressões e polinômios de grau $k$.

## 3.2 Progressões Aritméticas Ordinárias

Como uma progressão aritmética é uma sequência, a seguir, forneceremos a definição matemática de sequências de números reais.

Uma sequência numérica é um conjunto de números que estão dispostos em certa ordem. Mais precisamente:

**Definição 3.** Uma *sequência* x é uma função $x\colon \mathbb{N} \to \mathbb{R}$. Denota-se o valor $x(n)$, para cada número natural $n$ por $x_n$, e chamamos cada $x_n$ de $n$-ésimo termo da sequência $x$. Costuma-se descrever a sequência x fazendo referência a seus termos, como $(x_1, x_2, \ldots)$, ou simplesmente $(x_n)$.

Ex. $(a_n) = (1, 3, 5, 7, 9, \ldots, 2n - 1, \ldots)$ é uma sequência onde cada termo $a_n$ é o n-ésimo número ímpar.

**Definição 4.** Uma *progressão aritmética (p.a.)* é uma sequência numérica na qual a diferença entre cada termo e o termo anterior é constante.

Essa diferença constante é chamada de razão da progressão e é representada pela letra $r$.

Ex. As sequências $(0,4,8,12,16,\ldots)$ e $(7,5,3,1,-1,-3,\ldots)$ são progressões aritméticas cujas razões valem 4 e $-2$, respectivamente.

**Observação**

*Muitos livros de ensino médio definem sequência finita e sequência infinita. Neste texto não fazemos esta distinção, pois associamos sequências ditas finitas com sequências quase-sempre nulas, no caso uma sequência* $(a_n)$ *é dita ser quase-sempre nula se existir* $n \in \mathbb{N}$, *onde* $a_i = 0$, *para qualquer* $i > n$.

Em uma progressão aritmética $(a_n)$, notemos que para sair de um termo para o seguinte necessitamos apenas somar a razão $r$. Neste caso $a_{n+1} = a_n + r$, para todo $n \in \mathbb{N}$. A pergunta agora é: Se soubermos apenas a razão $r$ e o primeiro termo $a_0$, temos como descobrir o valor de um termo qualquer $a_n$?

A resposta é sim, e por recursão, note que,

$a_n = a_{n-1} + r = (a_{n-2} + r) + r = a_{n-2} + 2r = a_{n-3} + 3r$, e assim é verdadeira a seguinte proposição.

**Proposição 4.** Se $(a_n)$ é uma p.a. de razão $r$, então o termo geral $a_n$ é dado por:

$$a_n = a_0 + rn.$$

Em geral vale: $a_n = a_k + (n-k)r \ para \ 0 \leq k \leq n.$

Ex. O preço de uma moto Hi-Fly 2011 é de R$10.000,00 e diminui R$250,00 a cada ano. Qual será o preço desta moto em 2022?

**Solução**

Neste caso $a_0 = 10000$ e queremos calcular $a_{11}$. Como a desvalorização é constante, $(a_n)$ é uma progressão aritmética. Deste modo $r = -250$ e $a_{11} = 10000 - 250 \times 11 = 7250$. Logo o preço da moto em 2022 será de R$7250,00.

Na sequência, vamos encontrar a fórmula da soma dos n primeiros termos de uma progressão aritmética.

**Teorema 3.** A soma dos n primeiros termos de uma progressão aritmética $(a_1, a_2, \ldots)$ é

$$S_n = \frac{(a_1 + a_n)n}{2}.$$

**Demonstração**

Consideremos $S_n = a_1 + a_2 + \ldots + a_{n-1} + a_n$, é verdade que $2S_n = (a_1 + a_n) + (a_2 + a_{n-1}) + (a_3 + a_{n-2}) + \ldots + (a_n + a_1)$. Observe que,

$$a_1 + a_n = (a_2 - r) + (a_{n-1} + r) = a_2 + a_{n-1} = (a_3 - r) + (a_{n-2} + r),$$

e assim, de forma análoga, podemos concluir que todos os parênteses são iguais, de modo que temos n deles e assim a soma $S_n$ vale:

$$S_n = \frac{(a_1 + a_n)n}{2}. \blacksquare$$

Ex. Qual é o valor da soma dos primeiros 12 termos da progressão aritmética $(a_n) = (-2, 1, 4, 7, 10, \ldots)$?

**Solução**

Como $a_0 = -2, r = 3\ e\ a_{12} = -2 + 12 \times 3 = 34$, temos:

$$S_{12} = 12\left(-2 + \frac{34}{2}\right) = 192.$$

**Proposição 5.** A soma dos primeiros $n$ termos de uma progressão aritmética é um polinômio de grau 2 sem termo livre.

**Demonstração**

Como $S_n = \frac{(a_1+a_n)n}{2}$, e $a_n = a_1 + (n-1)r$, substituindo $a_n$ na fórmula de $S_n$, temos:

$$S_n = \left(\frac{r}{2}\right)n^2 + (a_1 - \frac{r}{2})n. \blacksquare$$

## 3.3 Juros Simples

A seguir exibiremos uma aplicação de progressões aritméticas, o regime de capitalização de juros simples. No sistema de juros simples, a taxa de juros[1] $i$ é aplicada apenas sobre o capital inicial $C$. Atualmente o sistema de capitalização a juros simples não é utilizado, sendo pressuposto pelo sistema de capitalização a juros compostos.

[1] A taxa de juros $i$ é sempre pensada em porcentagem em relação ao capital $C$.

Um capital $C$ capitalizado no regime de juros simples com uma taxa $i$, se transforma ao final de um período, digamos 1, no montante $M_1 = C + Ci$, ou seja ao capital $C$ é acrescido apenas a taxa $i$ em relação ao capital $C$. No próximo mês o montante $M_2$ é $M_2 = C + 2Ci$, e assim sucessivamente. No final de $n$ períodos de tempo tem-se o montante de $M_n = C + Cin = C(1 + in)$. Fica evidente que $(M_n)$ é uma progressão aritmética de primeiro termo $C$ e razão $r = Ci$.

Ex. Calcule o montante gerado por uma dívida de $C = R\$100{,}00$, no regime de juros simples a uma taxa mensal de $i = 0{,}25$ durante $n = 5$ meses.

**Solução**

Aqui $M_5 = 100(1 + 5 \times 0{,}25) = 125$. Logo, a dívida, ao se passarem 5 meses é de R$125,00.

Considerando a função $f\colon \mathbb{R} \cup \{0\} \to \mathbb{R}$ dada por $f(n) = M_n = C(1 + in)$, para constantes $C$ e $i$, $f$ é uma função linear. Seu gráfico é uma semirreta de inclinação $Ci$ e passando por $(0, C)$. O significado real da representação geométrica caracteriza a essência prática do juro simples: o crescimento linear do montante. De fato, como veremos no capítulo seguinte, o crescimento do montante de um capital aplicado sob o regime de juro composto é exponencial. Isto significa que, para $i > 0$, para um intervalo de tempo igual, o capital aplicado sob juros simples cresce de forma proporcional e para o mesmo capital aplicado sob o regime de juro composto, o montante cresce mais rapidamente.

## 3.4 Progressões Aritméticas de Ordem Superior

**Definição 5.** Uma progressão aritmética de ordem $k$ é uma sequência $(a_n)$ na qual a sequência das diferenças $(\Delta a_n) = (a_{n+1} - a_n)$, é uma progressão aritmética de ordem k-1 não estacionária[2], admitindo que uma p.a. de ordem 0 é simplesmente uma p.a.

[2] Uma sequência estacionária é uma sequência com termos todos iguais .

Ex. $(a_n) = (2, 5, 10, 17, 26, 37, 50, \ldots)$ é uma p.a. de ordem 2, pois $(\Delta a_n) = (3,5,7,9,11,13, \ldots)$ é uma p.a. de primeiro termo 3 e razão $r = 2$.

Ex. Seja $(a_n) = (4, 11, 30, 67, 128, 219, 346, \ldots)$,

$(\Delta a_n) = (7,19,37,61,91,127, \ldots)$, $(\Delta^2 a_n) = (12,18,24,30,36,42, \ldots)$ é uma p.a. não estacionária. Assim $(a_n)$ é uma progressão aritmética de ordem 3.

No próximo teorema, exibiremos uma generalização dos resultados referentes a progressões aritméticas. De fato, todo termo de uma p.a. de ordem k é um polinômio, e a recíproca também é válida: todo polinômio de grau k na variável n é termo de uma p.a. de ordem k.

**Teorema 4.** Se $(a_n)$ é uma p.a. de ordem k, então o seu termo geral $a_n$ é um polinômio de grau $k$ dado por

$$a_n = \sum_{j=0}^{k} C(n,j) \Delta^j a_0.$$

A fim de demonstrar o teorema, vamos utilizar três resultados, o lema que é exibido a seguir e duas proposições que fazem parte do **Problema 16** do capítulo anterior.

**Lema 1.** Seja $(a_n)$ uma sequência qualquer. Para todos $n$ e $i$ inteiros não negativos, tem-se:

$$\Delta^i a_n = \sum_{j=0}^{i} (-1)^{i-j} C(i,j) a_{n+j}.$$

**Demonstração**

A demonstração do lema se dará por indução sobre $i$.

Para $i = 1$, o resultado segue imediatamente. Assumindo válida a proposição para $i - 1$, vamos provar a veracidade da afirmação para $i$.

Por definição $\Delta^i a_n = \Delta^{i-1} a_{n+1} - \Delta^{i-1} a_n$, e pela hipótese indutiva, temos:

$$\sum_{j=0}^{i-1} (-1)^{i-1-j} C(i-1,j) a_{n+1+j} - \sum_{j=0}^{i-1} (-1)^{i-1-j} C(i-1,j) a_{n+j}\,.$$

Colocamos a parte, o último termo da primeira soma e o primeiro termo da segunda soma e assim obtemos:

$$\Delta^i a_n = \sum_{j=0}^{i-2} (-1)^{i-1-j} C(i-1,j) a_{n+1+j} + a_{n+i} +$$

$$\sum_{j=1}^{i-1} (-1)^{i-j} C(i-1,j) a_{n+j} + (-1)^i a_n =$$

$$(-1)^i a_n + \sum_{j=1}^{i-1} (-1)^{i-j} \big(C(i-1,j-1) + C(i-1,j)\big) a_{n+j} + a_{n+i} =$$

$$(-1)^i a_n + \sum_{j=1}^{i-1} (-1)^{i-j} C(i,j) a_{n+j} + a_{n+i} = \sum_{j=0}^{i} (-1)^{i-j} C(i,j) a_{n+j}\,.$$

Na penúltima equação utilizamos a **relação de Stifel.■**

**Demonstração do teorema 4.**

Seja $(a_n)$ uma p.a. de ordem $k$. O resultado também segue trivialmente para os casos $n = 0$ e $n = 1$. Vamos demonstrar a veracidade do proposto utilizando o princípio de indução finita em sua segunda forma.

Pelo **lema 1**,

$$\Delta^{n+1}a_0 = \sum_{j=0}^{n}(-1)^{n+1-j}C(n+1,j)a_j + a_{n+1},$$

logo,

$$a_{n+1} = \Delta^{n+1}a_0 - \sum_{j=0}^{n}(-1)^{n+1-j}C(n+1,j)a_j\,,$$

e pela hipótese indutiva, temos:

$$a_{n+1} = \Delta^{n+1}a_0 - \sum_{j=0}^{n}(-1)^{n+1-j}C(n+1,j)a_j\sum_{i=0}^{j}C(j,i)\Delta^{i}a_0 =$$

$$\Delta^{n+1}a_0 - \sum_{i=0}^{n}\Delta^{i}a_0\sum_{j=i}^{n}(-1)^{n+1-j}C(n+1,j)C(j,i) =$$

$$\Delta^{n+1}a_0 - \sum_{i=0}^{n}C(n+1,i)\Delta^{i}a_0\sum_{j=i}^{n}(-1)^{n+1-j}C(n+1-i,j-i)\,.$$

Utilizamos a parte b) do **Problema 16** na última passagem. Fazendo uso da parte a) do mesmo problema na soma

$$\sum_{i=j}^{n}(-1)^{n+1-j}C(n+1-i,j-i),$$

temos:

$$\sum_{i=j}^{n}(-1)^{n+1-j}C(n+1-i,j-i) = \sum_{h=0}^{n-i}(-1)^{h}C(n-i+1,h) =$$

$$(-1)^{n-i+1}\sum_{h=0}^{n-i}(-1)^{h}C(n-i+1,h) =$$

$$(-1)^{n-i+1}(-1)^{n-i}C(n-i,n-i) = (-1)^{2(n-i)+1} = -1,$$

logo,

$$a_{n+1} = \Delta^{n+1}a_0 - (-1)\sum_{i=0}^{n} C(n+1,i)\Delta^i a_0 = \sum_{j=0}^{n+1} C(n+1,j)\Delta^j a_0.$$

Como $(a_n)$ é uma p.a. de ordem $k$, então $\Delta^j a_n = 0$ para todo $j > k$ e, portanto,

$$a_n = \sum_{j=0}^{k} C(n,j)\Delta^j a_0. \blacksquare$$

**Teorema 5.** Todo polinômio de grau $k$ é termo geral de uma p.a. de ordem $k$.

**Demonstração**

Se $a_n = p_k(n)$ é um polinômio de grau $k$, vamos provar, por indução sobre $k$ que $(a_n)$ é uma p.a. de ordem $k$.

Primeiramente, para o caso $k = 1$, se $a_n = b_0 + b_1 n$, $(a_n)$ é uma p.a. de primeiro termo $b_0$ e razão $b_1$.

Fixemos nossa base de indução:

*Se $a_n$ é um polinômio de grau $k-1$ sobre $n$, então $(a_n)$ é uma p.a. de ordem $k-1$.*

Com efeito, se $a_n = p_k(n) = b_0 + b_1 n + \cdots + b_k n^k, b_k \neq 0$, então $(\Delta a_n) = a_{n+1} - a_n =$

$$b_0 + b_1(n+1) + \ldots + b_k(n+1)^k - b_0 - b_1 n - \ldots - b_k n^k$$

é um polinômio de grau $k-1$ sobre $n$. Pela Hipótese indutiva $(\Delta a_n)$ é uma p.a. de ordem $k-1$, implicando no fato de que a sequência $(a_n)$ é uma p.a. de ordem $k$. $\blacksquare$

Utilizando o **teorema 4** e a **proposição 3** (teorema das colunas), encontramos uma fórmula simples para o cálculo da soma dos primeiros termos de uma p.a. de ordem superior.

**Teorema 6.** Seja (a_n) uma p.a. de ordem k. A soma dos seus n primeiros termos é um polinômio de grau k+1 de termo livre igual a zero dado por

$$a_0 + a_1 + \ldots + a_{n-1} = \sum_{i=0}^{n-1} C(n, i+1)\Delta^i a_0.$$

**Demonstração**

Denotamos $a_0 + a_1 + \ldots + a_{n-1}$ por $S_n$.

Pelo **teorema 4**, temos

$$S_n = \sum_{i=0}^{n-1}\sum_{j=0}^{i} C(i,j)\Delta^j a_0 =$$

$$C(0,0)\Delta^0 a_0 + \left(C(1,0)\Delta^0 a_0 + C(1,1)\Delta^1 a_0\right) +$$

$$\left(C(2,2)\Delta^0 a_0 + C(2,1)\Delta^1 a_0 + C(2,2)\Delta^2 a_0\right) + \cdots +$$

$$\left(C(i,0)\Delta^0 a_0 + C(i,1)\Delta^1 a_0 + \cdots + C(i,i)\Delta^i a_0\right) + \cdots +$$

$$\left(C(n-1,0)\Delta^0 a_0 + \cdots + C(n-1,n-1)\Delta^{n-1} a_0\right) =$$

$$\left(C(0,0) + C(1,0) + \cdots + C(n-1,0)\right)a_0 +$$

$$\left(C(1,1) + C(2,1) + \cdots + C(n-1,1)\right)\Delta a_0 + \cdots +$$

$$\left(C(i,i) + C(i+1,i) + \cdots + C(n-1,i)\right)\Delta^i a_0 + \cdots +$$

$$C(n-1,n-1)\Delta^{n-1} a_0.$$

Pelo **teorema das colunas** podemos escrever:

$$S_n = C(n,1)a_0 + C(n,2)\Delta a_0 + \cdots + C(n,n)\Delta^{n-1}a_0 =$$

$$\sum_{i=0}^{n-1} C(n, i+1)\Delta^i a_0. \blacksquare$$

Ex. Considere a p.a. $(a_n) = (0, 3, 12, 33, 72, 135, 228, 357, \ldots)$.

Como $(\Delta a_n) = (3, 9, 21, 39, 63, 93, 129, \ldots)$, temos que $(\Delta^2 a_n) = (6, 12, 18, 24, 30, \ldots)$ é uma p.a. de razão $r = 6$. Logo $(a_n)$ é uma p.a. de ordem 3 e $\Delta^j a_0 = 0$ para todo $j \geq 4$.

Utilizando o **teorema 4** temos

$$a_n = \sum_{j=0}^{k} C(n,j)\Delta^j a_0 = 2n^3 - 3n^2 + 4n.$$

A soma dos seus primeiros $n$ termos, $S_n = a_0 + a_1 + \cdots + a_{n-1}$ é dada por

$$S_n = \sum_{i=0}^{n-1} C(n, i+1)\Delta^i a_0 =$$

$$C(n,1)a_0 + C(n,2)\Delta a_0 + C(n,3)\Delta^2 a_0 + C(n,4)\Delta^3 a_0 =$$

$$\frac{n(n-1)(n^2-n-8)}{4}.$$

A seguir vamos exibir dois algoritmos para encontrar o valor de somas do tipo $\sum_{j=0}^{n} p(j)$, onde $p(j)$ é um polinômio de grau $k$ sobre $j$.

**Algoritmo 1.** Considerando $a_j = p(j)$, encontre com ajuda do **teorema 6** o valor da soma:

$$\sum_{j=0}^{n} p(j) = a_0 + a_1 + \ldots + a_{n-1} = \sum_{i=0}^{n-1} C(n, i+1)\Delta^i a_0 .$$

O método a seguir pode ser encontrado em Lima,et [8]. Porém, pelo fato de ser necessário resolver um sistema linear, acreditamos que o **algoritmo 1** seja mais simples de ser aplicado.

**Algoritmo 2**. Considerando $\Delta a_j = p(j)$, encontre $a_j$, sabendo que $a_j$ é um polinômio de grau $k+1$ sobre $j$,

$$a_j = c_0 + c_1 j + \cdots + c_k j^k + c_{k+1} j^{k+1}, e\ \Delta a_j = a_{j+1} - a_j = p(j),$$

resolvendo um sistema encontre os $b_k{}'s$.

Conclui-se fazendo

$$\sum_{j=1}^{n} p(j) = \sum_{j=0}^{n} \Delta a_j = a_{n+1} - a_1.$$

## 3.5 Problemas Propostos

* **Progressões aritméticas ordinárias**

**Problema 36.** Ache o primeiro termo $a_1$ numa p.a., sabendo que a razão vale $r = -\sqrt{2}$ e $a_{20} = 40$. Encontre a soma dos primeiros 20 termos desta p.a..

**Problema 37.** Uma partícula no espaço acelera constantemente e sua velocidade varia em função do tempo da seguinte maneira: Em $t = 0$ sua velocidade é $5km/s$ ao passar por um ponto em $t = 1s$, sua velocidade é de $7km/s$, passando por outro ponto em $t = 2s$, sua velocidade foi de $9km/s$, e assim sucessivamente.

a) Em que instante de tempo a partícula chega a $641km/s$?

b) Encontre o valor da soma das velocidades da partícula de $t = 0$ até o instante encontrado no item a).

**Problema 38.** Um capital de 6000 aplicado durante 2 meses, a juros simples, rende 2000. Determinar a taxa de juros cobrada.

**Problema 39.** Em quanto tempo um capital aplicado a uma taxa de 0,2% ao mês rende $\frac{1}{5}$ do seu valor?

**Problema 40.** Uma loteria inventou a seguinte aposta para seus clientes. O apostador escolhe uma terna de números $(i;\ n;\ c)$, onde $0{,}001 \leq i \leq 1, 1 \leq n \leq 10, 1 \leq c \leq 100$, e paga o valor $c(1+in)$. Se sua terna for sorteada[3], ele receberá o prêmio dado pela soma dos montantes $c(1+in)$, de 1 até o valor escolhido para $n$ vezes $2n$, a partir do capital $c$ (em reais) e a taxa $i$ escolhidos previamente. Se a terna $(0{,}455;\ 5; 95)$ for a sorteada, qual será o valor investido pela ganhador e o valor de seu prêmio?

**Problema 41.** Seja $(a_n)$ uma p.a. de razão $r$, um número racional. Mostre que se um termo da p.a. é irracional, então todos os termos da p.a. $(a_n)$ são irracionais. Dê um exemplo de uma p.a. deste tipo.

**Problema 42.** As medidas dos lados de um triângulo estão em progressão aritmética com razão $r > 0$. Encontre as medidas dos lados deste triângulo em função da razão $r$ de modo que este triângulo seja retângulo.

**Problema 43.** Mostre que a soma dos n primeiros números inteiros positivos é igual a

$$1+2+\cdots+n=\frac{n(n+1)}{2}.$$

**Problema 44.**

**Definição 1'.** Uma *rede*[4] *de domínio inteiro* é qualquer função $y\colon \mathbb{Z} \to \mathbb{R}$. Seus termos são denotados por $y_n$, para $n \in \mathbb{Z}$, e a própria rede de domínio inteiro por $(y_n)$.

---

[3] Observe que a chance de um apostador ganhar em uma única aposta é de 1 em 1.000.000.

[4] Uma rede é um conceito topológico mais geral do que o abordado neste livro. Recomendamos a leitura do artigo de Vermeeren [15] para mais informações.

**Definição 2'.** Uma *p.a. de domínio inteiro* $(y_n)$ de razão $r$ é uma rede de domínio inteiro, onde a diferença entre termos consecutivos, $y_n - y_{n-1}$, é igual a $r$ para todo $n \in \mathbb{Z}$.

a) Dê exemplos de redes de domínio inteiro.

b) Encontre a fórmula do termo geral de uma p.a. de domínio inteiro.

**Problema 45.** *(Uma aplicação de p.a.'s de domínio inteiro)*

**Definição 3'.** Dado um número inteiro $m$, o conjunto dos inteiros múltiplos de $m$, $m\mathbb{Z}$ é definido por $m\mathbb{Z} = \{ma | a \in \mathbb{Z}\}$. Por exemplo, $2\mathbb{Z} = \{0, \pm 2, \pm 4, \pm 6, \dots\}$.

*Existe uma associação entre uma p.a. de domínio inteiro, $(y_n)$ e o conjunto $m\mathbb{Z}$, de tal forma que para todo $ma \in m\mathbb{Z}$ existe um único $n \in \mathbb{Z}$, tal que $ma = y_n$.*

a) Encontre uma p.a. de domínio inteiro que é associada a $2\mathbb{Z}$.

b) Generalize o exercício a) para $m\mathbb{Z}$.

c) Para $n$ e $m$ inteiros, definimos $n\mathbb{Z} + m\mathbb{Z}$ como sendo $n\mathbb{Z} + m\mathbb{Z} = \{na + mb | a, b \in \mathbb{Z}\}$. Admitindo que, para todos $n$ e $m$ inteiros, existe[5] $l \in \mathbb{Z}$, tal que $n\mathbb{Z} + m\mathbb{Z} = l\mathbb{Z}$, mostre que a p.a. $(z_n)$ de domínio inteiro associada a $n\mathbb{Z} + m\mathbb{Z}$ tem razão $r = M.D.C.\{n, m\}$, onde $M.D.C.\{n, m\}$ denota o máximo divisor comum de $m$ e $n$.

**Problema 46.** Encontre os coeficientes de a, q e k no produto

$$A = ak^2(a^3qk)(a^5q^2)(a^7q^3k^{-1})\dots(a^{2n-1}q^nk^{2-n}).$$

**Problema 47.** Dada uma fita separada em intervalos horizontais por três cores: azul, amarelo e branco, onde há repetição de forma sequenciada

[5] Isto é verdade devido ao fato de que $\mathbb{Z}$ é um domínio de ideais principais. Sugerimos a leitura do segundo capítulo de Gonçalvez [7], para mais informações.

(amarelo, azul e branco, nesta ordem) destas cores. Sabendo que o primeiro intervalo tem cor amarela, qual será a cor do intervalo de número $10^6$?

**Problema 48.** Prove, utilizando o princípio de indução finita, a fórmula do termo geral de uma p.a..

**Problema 49.** Um artista fez um desenho peculiar em uma parede. Ele desenha figuras em um padrão pseudo-triângular como na figura a seguir. Sabe-se que o primeiro segmento, AB tem $10cm$ de comprimento e os demais estão dispostos em progressão aritmética de razão $r = 10cm$. Vê-se que o desenho toma do ponto A, na parede, até o chão, com seu último traçado, um segmento horizontal de um metro, e o pé da perpendicular a partir do ponto mais alto da figura (no esboço abaixo F), até o chão divide o último segmento horizontal na razão $1/10$. O pincel utilizado pelo pintor tem aproximadamente 0,6cm de espessura na ponta.

a) Encontre quantos pseudos-triângulos completos há na pintura.

b) Calcule o comprimento total dos segmentos da figura.

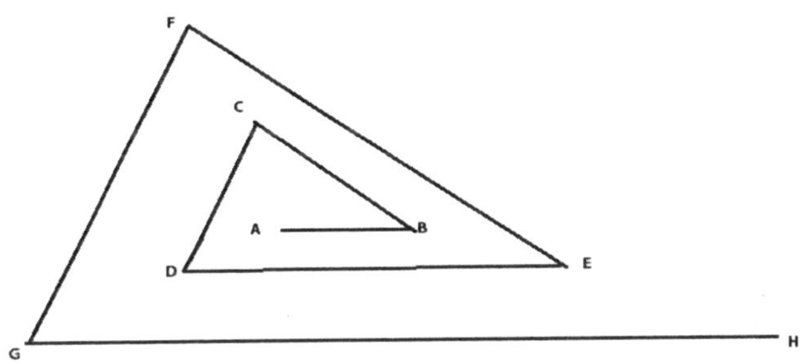


**Problema 50.** Prove que a soma de duas p.a.'s, termo a termo é ainda uma p.a..

**Problema 51.** Encontre a maior potência de 11 que divide $(10^6)! = 1.2 \ldots \mathbf{11} \ldots \mathbf{22} \ldots \mathbf{33} \ldots 1000000$.

**Problema 52.** Resolva a equação na variável x:

$$x+\left(x+\frac{1}{2}\right)+\left(x+\frac{3}{2}\right)+\left(x+\frac{5}{2}\right)+\cdots+\left(x+\frac{801}{2}\right)=6015.$$

**Problema 53.** *(Um problema antigo)* Um quadrado mágico é uma forma de arranjar um quadrado $n \times n$ de números $1,2,\ldots,n^2$ que aparecem sem repetição de tal forma que a soma das linhas e colunas deste quadrado é sempre igual a uma constante $c_n$.

Encontre o termo geral da sequência $(c_n)$.

**Problema 54.** *(Equações Diofantinas)*

Uma equação diofantina linear é uma equação do tipo $ax + by = c$ $(I)$, onde $a$, b e $c$ são números inteiros. Estamos interessados em soluções inteiras de equações deste tipo. A fim de que a equação $(I)$ possua solução, é suficiente e necessário que o máximo divisor comum $d$, de $a$ e $b$, seja um número que divide $c$.[6] Assumindo então $d$ divide $c$, existe uma solução $(x_0, y_0)$ de $(I)$. Encontre duas p.a.'s $(x_n)$ e $(y_n)$, utilizando a solução particular $(x_0, y_0)$, de modo que $(x_n, y_n)$ forneça todas as soluções em inteiros de $(I)$.

**Problema 55.** Euler tem que pagar uma dívida de R$500,00. Supondo que em sua carteira há apenas notas de R$2,00 e R$5,00, de quantas maneiras Euler pode pagar sua dívida?

**Problema 56.** *(Números triangulares)* Um número natural $m$ é dito ser triangular se podemos representá-lo como $m$ pontos no plano de tal forma que esses formam um triângulo tendo o mesmo número de pontos em todos os lados, ou seja, equilátero.

Seguem abaixo as representações dos números triangulares 3,6 e 10, respectivamente.

---

[6] De fato, por exemplo, a equação diofantina $2x + 4y = 3$ não possui solução em $\mathbb{Z}$, pois o lado esquerdo da equação fornece sempre um número par para para quaisquer $x, y$ inteiros, enquanto 3 é impar!

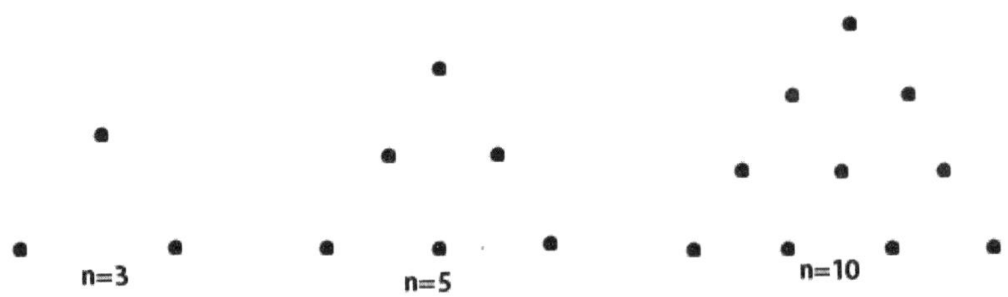


a) Encontre o termo geral da p.a. $(t_k)$ que modela a forma em que os pontos aparecem na representação geométrica da k-ésima linha de um número triangular.

b) Utilizando a fórmula do termo geral $t_n$ do item anterior, encontre o termo geral da sequência dos números triangulares $(T_n)$.

**Problema 57.** Carlos Frederico Gauss tem 105 bolinhas de gude. Certo momento ele afirma aos amigos: "Com estas 105 bolinhas consigo fazer um triângulo com mesmo número de bolinhas de cada lado (equilátero neste sentido). Bem como é possível fazer triângulos equiláteros com 91,78 e 66 bolinhas".

a) O jovem Frederico está certo? Justifique.

b) Determine os números $m \leq 105$, onde $m$ é um triângulo equilátero de bolinhas de gude.

Dica: A ideia de números triangulares do exercício anterior é muito bem vinda aqui.

*** Progressões aritméticas de ordem superior**

**Problema 58.** Considere a sequência $(a_n)$, dada por $a_1 = 1, a_2 = 2 + 4 + 6, a_3 = 8 + 10 + 12 + 14, a_4 = 16 + 18 + 20 + 22 + 24, \ldots$ Encontre uma expressão para o termo geral $a_n$ em função de $n$.

**Problema 59.** Prove que para todo $k \in \mathbb{N}$, a soma $1^k + 2^k + 3^k + \ldots + n^k$ é uma p.a. de ordem $k + 1$.

**Problema 60.** Prove o seguinte lema:

Se $(a_n)$ é uma sequência, então

$$\sum_{k=1}^{n} \Delta a_k = a_{n+1} - a_n.$$

**Problema 61.** Prove que se $(\Delta a_n)$ é um polinômio de grau $k$ mostre que o termo geral $a_n$ é um polinômio de grau $k+1$ sobre a variável $n$.

**Problema 62.** Mostre que a sequência $\big(C(n,k)\big)$, para $k$ um número natural fixo, é uma p.a. de ordem $k$.

**Problema 63.** Encontre o termo geral das p.a.'s abaixo.

a) $(a_n) = (2, 5, 10, 17, 26, 37, 50, \ldots)$.

b) $(b_n) = (4, 11, 30, 67, 128, 219, 346, \ldots)$.

c) $(c_n) = (1, 5, 45, 271, 1073, 3201, 7885, 16955, 32961, \ldots)$.

d) $(d_n) = \left(\frac{1}{3}, \frac{5}{6}, \frac{7}{3}, \frac{29}{6}, \frac{25}{3}, \ldots\right)$.

**Problema 64.** Mostre que o polinômio associado à soma dos $n$ primeiros termos de uma p.a. de ordem $k$ tem termo livre igual a 0.

**Problema 65.** Encontre a soma dos $n$ primeiros termos das p.a.'s abaixo:

a) $(a_n) = (-1, 0, 3, 8, 15, 24, \ldots)$.

b) $(b_n) = (0, -1, 12, 75, 248, 615, \ldots)$.

**Problema 66.** Encontre fórmulas em função de $n$ das somas abaixo.

a) $\sum_{j=0}^{n-1} j(j+1)$.

$$b)\sum_{j=0}^{n-1} 3j^3+3j+2.$$

**Problema 67.** Encontre o valor de $x$ satisfazendo a equação a seguir.

$$x+\left(x-\frac{2}{3}\right)+\left(x+\frac{1}{3}\right)+\left(x+\frac{22}{3}\right)+\left(x+\frac{79}{3}\right)+\left(x+\frac{190}{3}\right)+$$

$$\left(x+\frac{373}{3}\right)+\cdots+\left(x+\frac{20575}{3}\right)=20000.$$

Encontre o valor das somas:

$$a)\sum_{j=0}^{999} 2j^4+2j+1.$$

$$b)\sum_{j=0}^{999} j(\pi j+1).$$

## 3.6 Soluções dos Problemas Propostos

**Solução do Problema 36.** Como $a_{20}=a_1+19r$, temos $a_1=40-19\sqrt{2}$. A soma dos 20 primeiros termos da p.a. $(a_n)$ é $S_{20}=\frac{20(40-19\sqrt{2}+40)}{2}=800-38\sqrt{2}$.

**Solução do Problema 37.** a) Consideremos a p.a. $(a_t)=(5,7,9,\ldots)$ que modela a velocidade da partícula em função do tempo $t$. Esta sequência é uma p.a. de primeiro termo $a_0=5$ e razão $r=2$. Assim, o termo geral da p.a. $(a_t)$ é igual a $a_t=5+2t$, para todo $t\geq 0$. Logo, para encontrar o instante em que a partícula tem velocidade $641m/s$ necessitamos encontrar $t$ tal que $a_t=641$. Assim $641=5+2t$ implica $t=318s$.

b) Temos que calcular $S_{319}$, que é a soma dos primeiros 319 termos da p.a. $(a_t)$. Assim, $S_{319} = a_0 + \cdots + a_{318} = \frac{319(5+641)}{2} = 103037km/s$.

**Solução do Problema 38.** Seja $(M_n) = \big(C(1 + in)\big)$. Para $C = 6000$ e $M_2 = 8000$, resolvendo para $i$ temos $i \approx 0{,}1667$.

**Solução do Problema 39.** Aqui $i = 0{,}002$. Devemos resolver para $n$ a equação $M_n = C + \left(\frac{1}{5}\right) C = C(1 + in)$. Logo $n = 100$ meses.

**Solução do Problema 40.** Consideremos a p.a. que gera os montantes a cada período de tempo n, $(M_n) = \big(c(1 + in)\big)$. O prêmio do vencedor é dado pela soma dos primeiros n termos da p.a. $(M_n)$ vezes $2n$, que é calculado como a seguir.

$$2n \times \frac{n(M_1 + M_n)}{2} = n^2 c\big(2 + i(1 + n)\big).$$

O vencedor escolheu a taxa $i = 0{,}455$, o tempo $n = 5$ e o capital $c = 95$, e foi investido por ele o valor de $c(1 + in) = R\$311{,}125$, gerando o prêmio de R$11.233,75.

**Solução do Problema 41.** Se um termo de uma p.a. $(a_n)$ é um número $b$ irracional, então para qualquer outro termo desta p.a. digamos $a_k$ é tal que existe $n$ inteiro onde $a_k = b + nr$. O número $a_k$ é também um número irracional, pois se $a_k$ fosse racional teríamos $b = a_k - nr \in \mathbb{Q}$, o que é um absurdo. Segue um exemplo de uma p.a. de razão $r = 2$, cujos termos são números irracionais: $(\sqrt{2} + 2n)$.

**Solução do Problema 42.** Para que o triângulo como dado na figura seja retângulo, o teorema de Pitágoras deve ser satisfeito. Isto é possível desde que $a^2 + (a + r)^2 = (a + 2r)^2$, resultando em $a = 3r$. Portanto as medidas dos lados do triângulo retângulo são: $3r, 4r\ e\ 5r$.

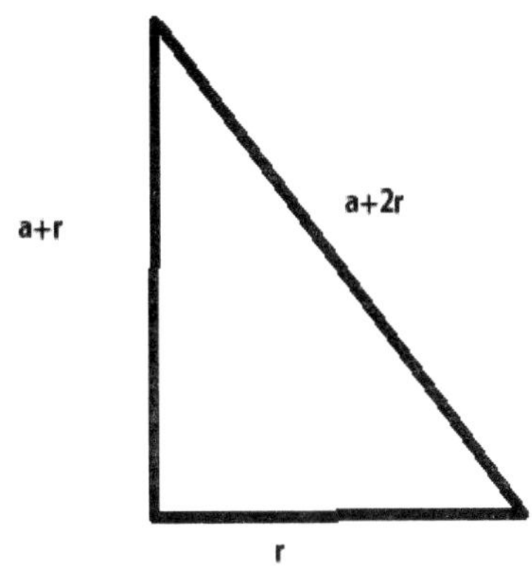


**Solução do Problema 43.** Considere a progressão aritmética: $(1,2,3,4,\ldots)$, utilizando a fórmula para a soma dos primeiros termos para esta progressão, temos:

$$S_n = 1 + 2 + 3 + \ldots + n = \frac{n(n+1)}{2}.$$

**Solução do Problema 44.** a) $(\ldots,-3,-3,-3,-3,-3,-3,-3,\ldots)$ e $(\ldots,-2\pi,-\pi,0,\pi,2\pi,\ldots)$, são p.a.'s de domínio inteiro, com razões iguais a 0 e $\pi$, respectivamente.

b) Seja $(y_n)$ uma p.a. de domínio inteiro. Para $n \in \mathbb{N}$, $y_n = y_0 + rn$. Para $n < 0$, pela definição de p.a.'s de domínio inteiro,$y_0 - y_n = nr$, e assim $y_n = y_0 - nr$.

**Solução do Problema 45.** a) Considere a p.a. de domínio inteiro de razão $r = 2$ dada por $(x_n) = (\ldots,-2,-1,0,1,2,\ldots)$ . Esta p.a. está associada a $2\mathbb{Z}$.

b) Para cada $m \in \mathbb{Z}$, a p.a. de domínio inteiro $y_n = (\ldots,-2m,-m,0,m,2m,\ldots)$ de razão $r = m$ está associada a $m\mathbb{Z} = \{0,\pm m,\pm 2m,\ldots\}$.

c) Para fixar ideia note que $2\mathbb{Z} + 3\mathbb{Z} = \mathbb{Z}$, $4\mathbb{Z} + 6\mathbb{Z} = 2\mathbb{Z}$. Primeiramente mostraremos que, $l = M.D.C.\{n,m\}$ é tal que $n\mathbb{Z} + m\mathbb{Z} = l\mathbb{Z}$. Sendo

$l = M.D.C.\{n, m\}$, pelo lema de Bézout[7] existem $x, y \in \mathbb{Z}$, tais que $nx + my = l$, e, por conseguinte, todo elemento de $n\mathbb{Z} + m\mathbb{Z}$ é elemento de $l\mathbb{Z}$. Por hipótese, como $l$ divide $m$ e $n$, existem inteiros $k_1$ e $k_2$, onde $n = lk_1$ e $m = lk_2$, e assim, $na + mb = l(k_1 a + k_2 b) \in l\mathbb{Z}$, para quaisquer $a$ e $b$ inteiros. Portanto, $n\mathbb{Z} + m\mathbb{Z}$ está associada a p.a. de domínio inteiro $(z_n) = (z_0 + ln)$, para $l = M.D.C.\{n, m\}$.

**Solução do Problema 46.** $A = a^{1+3+5+\ldots+2n-1} q^{1+2+3+\ldots+n} k^{2+1+0+\ldots+(2-n)}$.

O expoente de $a$, $1 + 3 + 5 + \ldots + 2n - 1$ é a soma dos primeiros $n$ números ímpares, que corresponde a soma dos primeiros n termos da p.a.$(x_n) = (1,3,5,\ldots,1 + 2(n-1),\ldots)$. Enquanto os expoentes de $q$ e $k$ correspondem a soma das p.a.'s: $(y_n) = (1,2,3,\ldots,n,\ldots)$ e $(z_n) = (2,1,0,\ldots,2-n,\ldots)$, respectivamente. Utilizando a fórmula da soma dos primeiros $n$ termos de uma p.a., temos:

$$A = a^{e_1} q^{e_2} k^{e_3},$$

onde $e_1 = n^2, e_2 = \frac{n(n+1)}{2}$ e $e_3 = \frac{(4-n)n}{2}$.

**Solução do Problema 47.** O n-ésimo intervalo de cor amarelo ocorre segundo a p.a. $(1 + 3n)$, os intervalos de cor azul e branco ocorrem seguindo as p.a.'s $(2 + 3n)$ e $(3 + 3n)$, respectivamente. Como $10^6 = 1 + 333333 \times 3$, o intervalo de número um milhão é de cor amarela.

**Solução do Problema 48.** Considere $(a_n)$ uma p.a. de razão $r = 1$. Vamos provar que por indução que $a_n = a_1 + (n-1)r$, $\forall\, n \in \mathbb{N}$.

Para $n = 1$, a proposição é verdadeira, pois $a_1 = a_1 + 0r$. Assumindo a proposição válida para $n$, temos $a_{n+1} = a_n + r = a_1 + (n-1)r + r = a_1 + nr$.

Logo pelo **1º P.I.F.**, $a_n = a_1 + (n-1)r$ para qualquer $n \in \mathbb{N}$.

---

[7] Lema de Bézout: Dados inteiros a e b, são ambos não nulos, existem inteiros $m$ e $n$ tais que $am + bn = M.D.C.\{a, b\}$.

**Solução do Problema 49.** a) Considerando o triângulo retângulo formado a partir do pé da perpendicular de comprimento 1, pelo teorema de Pitágoras temos:

$$1 + \left(\frac{1}{10}(0{,}1 + 0{,}1n)\right)^2 = \big(0{,}1 + 0{,}1(n-1)\big)^2,$$

onde $(0{,}1 + 0{,}1n)$ é o comprimento do n-ésimo segmento da figura. Resolvendo a equação acima para $n$ temos $n \approx 10{,}06$, e descontando a espessura do contorno dos segmentos, há exatamente três pseudo-triângulos formados na figura e uma linha horizontal final excedente.

b) O comprimento total dos segmentos da figura é dado pela soma dos primeiros 10 termos da p.a. $(0{,}1 + 0{,}1n)$, que vale $S_{10} = \frac{10(0\ \text{[illegible]}\ 1)}{2} =$ 6 metros.

**Solução do Problema 50.** Considerando as p.a.'s $(a_n)$ e $(b_n)$ de razões $r_1$ e $r_2$, respectivamente, $(c_n) = (a_n + b_n) = \big(a_0 + b_0 + (r_1 + r_2)\big)$ é uma p.a. de razão $r = r_1 + r_2$.

**Solução do Problema 51.** *Este é um problema que parece ser difícil, devido a magnitude do número* $(10^6)!$. *Porém, se utilizarmos o conceito de p.a., este problema é apenas trabalhoso, não difícil!*

Note que os múltiplos de 11 no produto $(10^6)!$ aparecem na p.a. $(a_n) = (11n)$, para $1 \leq n \leq 90909$ $(10^6 = 90909 \times 11 + 1)$. Lembrando ainda que aparecem nesta sequência os números $11^2, 11^3, 11^4$ e $11^5 = 161051$. Portanto, a maior potência de 11 que divide $(10^6)!$ é $11^{90919}$.

**Solução do Problema 52.** Os números $\frac{1}{2}, \frac{3}{2}, \frac{5}{2}, \ldots$ estão em progressão aritmética, $(a_n) = (\frac{1}{2} + n)$, de modo que $a_{400} = \frac{801}{2}$.

Logo, $S_{400} = \frac{400}{2}\left(\frac{1}{2} + \frac{801}{2}\right) = 80200$, e assim, a equação do item a) se resume a $401x + 80200 = 6015$, e resolvendo esta para $x$ encontramos $x = -185$.

**Solução do Problema 53.** A soma de todos os elementos no quadrado é $S_{n^2}$. Como todas as linhas do quadrado possuem a mesma soma e há $n$ linhas, temos $c_n = \left(\frac{1}{n}\right) S_{n^2} = \frac{n^2(n^2+1)}{2n} = \frac{n(n^2+1)}{2}$.

**Solução do Problema 54.** Considere as p.a.'s de domínio inteiro $(x_n) = (x_0 + nb) e\ (y_n) = (y_0 - na)$. Note que

$$ax_n + by_n = a(x_0 + nb) + b(y_0 - na) =$$

$$ax_0 + nab + by_0 - nab = ax_0 + by_0 = c,$$

para todo $n \in \mathbb{Z}$. Logo, a solução geral para uma equação diofantina com as hipóteses dadas é $(x_n, y_n)$ para $n \in \mathbb{Z}$.

**Solução do Problema 55.** Como o máximo divisor comum entre 5 e 2 é 1, a equação $2x + 5y = 500$ $(I)$ tem solução em $\mathbb{Z}$. Considere a solução particular $(x_0, y_0) = (1{,}245)$. Pelo exercício anterior, as soluções inteiras de $(I)$ são dadas por $(x_n, y_n) = (1 + 5n, 245 - 2n)$. Obviamente estamos procurando soluções positivas da equação $(I)$, e para tanto, $n$ pode variar de 0 a 122. Logo, há 123 modos de Euler pagar a conta com notas de R$2,00 e R$5,00.

**Solução do Problema 56.** a) Note que a forma que os pontos aparecem em uma representação de um número triangular é uma p.a. de primeiro termo $t_1 = 1$ (o vértice) e, a fim de que a representação seja um triângulo equilátero, a diferença de pontos entre linhas consecutivas deve ser de um ponto, ou seja, a razão é $r = 1$. Logo, $t_k = 1 + (k - 1).1 = k$.

b) Utilizando a fórmula da soma dos primeiros $n$ termos da p.a. $(t_n)$, podemos encontrar o número de pontos do $n$-ésimo número triangular $T_n$. Deste modo $T_n = \frac{n(n+1)}{2}$.

**Solução do Problema 57.** a) Utilizando o exercício anterior, observe que para $n = 14$, temos $T_{14} = 105$ (você pode obter isto resolvendo em n a equação $\frac{n(n+1)}{2} = 105$), e, portanto, a primeira afirmação de Frederico é verdadeira.

Resolvendo $\frac{n(n+1)}{2} = k$, para $k = 91{,}68$ e $66$, encontramos, respectivamente, $n = 13{,}12$ e $11$, provando que todas as afirmações de Frederico são verdadeiras.

b) Como $T_{14} = 105, T_{13} = 91, T_{12} = 78, T_{11} = 66$, agora falta só calcularmos $T_k = \frac{k(k+1)}{2}$ para $1 \leq k \leq 10$, para obtermos todos os valores de $m$.

**Solução do Problema 58.**

$$\begin{cases} a_2 = 2(1+2+3) \\ a_3 = 2(4+5+6+7) \\ a_4 = 2(8+9+10+11+12) \\ \vdots \\ a_n = 2(b_{n-2} + (b_{n-2}+1) + \cdots + (b_{n-2}+n) \\ \vdots \end{cases}$$

Assim $a_n = 2\left((n+1)b_{n-2} + \frac{n(n+1)}{2}\right)$, para $n \geq 2$.

Encontrando o termo geral da sequência $(b_n)$, obtemos também o termo geral de $(a_n)$. Observe que $(b_n)$ é uma p.a. de ordem 2. De fato,

$b_n = (1,4,8,13,\ldots), (\Delta b_n) = (3,4,5,6,\ldots)$. Pelo **teorema 4**,

$$b_n = 1.C(n,0) + 3.C(n,1) + 1.C(n,2) = \frac{n^2}{2} + \frac{5n}{2} + 1.$$

Portanto $a_n = (n+1)(n^2+2n-4)$, para todo $n \geq 2$.

**Solução do Problema 59.** Para $k = 1$, sabemos que $1+2+3+\ldots+n = \frac{n(n+1)}{2}$, que é um polinômio de grau 2. Vamos demonstrar o lema utilizando indução sobre $k$. Suponhamos válida a afirmação:

$1^{k-1} + 2^{k-1} + 3^{k-1} + \ldots + n^{k-1}$ é um polinômio de grau $k$ sobre $n$. Tomando como verdade a afirmação anterior, vamos provar que $1^k + 2^k + 3^k + \ldots + n^k$ é um polinômio de grau $k+1$ sobre $n$.

Pela hipótese indutiva, $1^{k-1} + 2^{k-1} + 3^{k-1} + \ldots + n^{k-1} = p_k(n)$, um polinômio de grau $k$ sobre $n$.

Assim $n(1^{k-1} + 2^{k-1} + 3^{k-1} + \ldots + n^{k-1}) = np_k(n)$ e resolvendo para $n^k$ temos:

$n^k = np_k(n) - n - n2^{k-1} - \ldots - n(n-1)^{k-1} = p_{k+1}(n)$, um polinômio de grau $k+1$ sobre $n$. Portanto,

$1^k + 2^k + 3^k + \ldots + n^k = 1 + 2^k + \ldots + (n-1)^k + p_{k+1}(n)$ é um polinômio de grau $k+1$ sobre $n$.

**Solução do Problema 60.**

$$\sum_{k=1}^{n} \Delta a_k = \sum_{k=1}^{n} a_{k+1} - a_k =$$

$$(a_{n+1} - a_n) + (a_n - a_{n-1}) + \cdots + (a_3 - a_2) + (a_2 - a_1) =$$

$$a_{n+1} - a_n.$$

Este lema é conhecido, por alguns matemáticos, como *soma telescópica,* justamente pela soma requerer apenas os extremos para o cálculo.

**Solução do Problema 61.**

Seja $\Delta a_n = b_0 + b_1 n + b_n^2 + \cdots + b_k n^k = a_{n+1} - a_n$. Pelo **Problema 60** (soma telescópica), $\sum_{k=1}^{n} \Delta a_k = a_{n+1} - a_n$,

e, somando todas as equações obtidas de $k = 1$ até $k = n$, temos:

$$a_{n+1} - a_1 = nb_0 + b_1(1 + 2 + \cdots + n) + b_2(1^2 + 2^2 + \cdots + n^2) + \cdots$$
$$+ b_k(1^k + 2^k + \cdots + n^k).$$

Pelo **Problema 59**, a soma $1^j + 2^j + \cdots + n^j$ é um polinômio de grau $j + 1$ sobre $n$. Logo,

$a_{n+1} = a_1 + nb_0 + b_1(1 + 2 + \cdots + n) + b_2(1^2 + 2^2 + \cdots + n^2) + \cdots + b_k(1^k + 2^k + \cdots + n^k)$ é um polinômio de grau $k + 1$ sobre $n$.

**Solução do Problema 62.** Observe que:

$$C(n, k) = \frac{n(n-1)(n-2)\ldots\big(n-(k+1)\big)}{k!} = \frac{1}{k!}\Big(n^k + g(n)\Big),$$

onde $g(n)$ é um polinômio de grau menor do que $k$. De acordo com o **teorema 5,** a sequência $\big(C(n, k)\big)$ é uma p.a. de ordem $k$.

**Solução do Problema 63.** a) Como $(\Delta a_n) = (3, 5, 7, 9, 11, 13, \ldots)$ é uma p.a., temos que $(a_n)$ é uma p.a. de ordem 2 e, por conseguinte, utilizando o **teorema 4**, temos:

$$a_n = C(n, 0)\Delta^0 a_0 + C(n, 1)\Delta^1 a_0 + C(n, 2)\Delta^2 a_0 += n^2 + 2n + 2,$$

para todo $n \geq 0$.

b) $(\Delta b_n) = (7, 19, 37, 61, 91, 127, \ldots)$ e
$(\Delta^2 b_n) = (12, 18, 24, 30, 36, 42, \ldots)$ é uma p.a. de razão 6, de modo que $(b_n)$ é uma progressão aritmética de ordem 3.

$$b_n = \sum_{j=0}^{3} C(n, j)\Delta^j b_0 = n\text{^}3 + 3n\text{^}2 + 3n + 4,$$

para todo $n \geq 0$.

c) $(\Delta c_n) = (4, 40, 226, 802, 2128, 4684, 9070, 16006, \ldots);$

$(\Delta^2 c_n) = (36,186,576,1326,2556,4386,6936, \ldots);$

$(\Delta^3 c_n) = (150,390,750,1230,1830,2550,\ldots);$

$(\Delta^4 c_n) = (240,360,480,600,720,\ldots)$ é uma p.a. de razão $r = 120$, logo $a_n$ é um polinômio de quinto grau sobre $n$.

$$c_n = \sum_{j=0}^{5} C(n,j)\Delta^j c_0 =$$

$$1 + 4n + n(n+1)(25n-32) + n(n-1)(n-2)(n-3)(6+n).$$

Simplificando, obtemos $c_n = n^5 + 3n^2 + 1$.

d) $d_0 = \frac{1}{3}, \Delta d_0 = \frac{1}{2}, \Delta^2 d_0 = 1$ e $\Delta^j d_0 = 0, \forall\, j \geq 3$, e, deste modo, obtemos:

$$d_n = \frac{1}{3}C(n,0) + \frac{1}{2}C(n,1) + C(n,2) = \frac{1}{3} + \frac{n^2}{2}.$$

**Solução do Problema 64.** Seja $(a_n)$ uma p.a. de ordem $k$. A soma $S_n = a_0 + a_1 + \cdots + a_{n-1}$ vale

$$S_n = \sum_{i=0}^{n-1} C(n, i+1)\Delta^i a_0 .$$

Note que o termo $C(n, i+1) = \frac{n!}{(i+1)!(n-i-1)!}$ é sempre múltiplo de n para todo $1 \leq i < n-1$. De maneira que o termo livre é sempre nulo nesta soma.

**Solução do Problema 65.** a) Vamos, a seguir, encontrar $S_n$ utilizando o **teorema 6.**

$S_n = C(n,1)a_1 + C(n,2)\Delta a_1 + C(n,3)\Delta^2 a_1$ (observe que aqui estamos chamando o primeiro termo da p.a. de $a_1$, onde, na maioria das vezes, chamamos este de $a_0$).

Como $a_1 = -1, \Delta a_1 = 1$ e $\Delta^2 a_1 = 2$, temos:

$S_n = -C(n,1) + C(n,2) + 2(n,3) =$

$$-n+\frac{n(n+1)}{2}+\frac{n(n-1)(n-2)}{3}=$$

$$-\frac{5n}{6}+\frac{n^3}{3}-\frac{n^2}{2}.$$

b) $S_n = b_0 + b_1 + \cdots + b_{n-1}$. Aqui $b_0 = 0, \Delta b_0 = -1, \Delta^2 b_0 = 14, \Delta^3 b_0 = 36, \Delta^4 b_0 = 24$, enquanto $\Delta^j b_n = 0$, para $j \geq 5$.

$$S_n = C(n,1)b_0 + C(n,2)\Delta b_0 + C(n,3)\Delta^2 b_0 + C(n,4)\Delta^3 b_0 +$$

$$C(n,5)\Delta^4 b_0 =$$

$$\frac{n(n-1)(14n-31)}{6}+\frac{n(n-1)(n-2)(n-3)(20+5)}{10}.$$

**Solução do Problema 66.** a) Considerando $(n^2+n) = (a_n) = (0,3,6,12,20,30,\ldots), (\Delta a_n) = (2,4,6,8,\ldots)$ é uma p.a. de razão $r = 2$. A soma

$$S_n = a_0 + a_1 + \cdots + a_{n-1} = \sum_{j=0}^{n-1} j(j+1),$$

é dada por:

$$S_n = C(n,1)a_0 + C(n,2)Delta\ a_0 + C(n,3)\Delta^2 a_0 =$$

$$na_0 + \frac{n(n-1)\Delta\, a_0}{2} + \frac{n(n-1)(n-2)\Delta^2 a_0}{6} = \frac{n^3-n}{3}.$$

b) Fazendo $(b_n) = (3n^3+3n+2) = (2,8,32,92,206,392,\ldots)$, pelo **teorema 5**, $(b_n)$ é uma p.a. de ordem 3, de modo que precisamos apenas de $\Delta a_0 = 6, \Delta^2 a_0 = 18 = \Delta^3 a_0$, para encontrar $S_n$.

$$S_n = C(n,1)a_0 + C(n,2)\Delta a_0 + C(n,3)\Delta^2 a_0 =$$

$$na_0 + \frac{n(n-1)\Delta a_0}{2} +$$

$$\frac{n(n-1)(n-2)\Delta^2 a_0}{6}+\frac{n(n-1)(n-2)(n-3)\Delta^3 a_0}{24}=$$

$$\frac{3}{4}(n^4-2n^3+3n^2)+\frac{n}{2}.$$

**Solução do Problema 67.** A sequência $(a_n)=\left(-\frac{2}{3},\frac{1}{3},\frac{22}{3},\frac{79}{3},\frac{190}{3},\ldots\right)$ é uma p.a. de ordem 3. De fato,

$(\Delta a_n)=(7,19,37,61,\ldots),(\Delta^2 a_n)=(12,18,24,36,\ldots)$ que é uma p.a. de razão $r=6$.

O número $\frac{20575}{3}$ é o vigésimo termo da p.a. $(a_n)$ (você pode utilizar o **teorema 4** para encontrar o termo geral da sequência $(a_n)$.

A soma $S_{20}=-\frac{2}{3}+\frac{1}{3}+\frac{22}{3}+\frac{79}{3}+\frac{190}{3}+\frac{373}{3}+\cdots+\frac{20575}{3}$ pode ser calculada pelo **algoritmo 1**.

A soma dos primeiros $n$ termos da p.a. $(a_n)$ é

$$S_n=C(n,1)a_0+C(n,2)\Delta a_0+C(n,3)\Delta^2 a_0+C(n,4)\Delta^3 a_0=$$

$$\frac{n}{3}+\frac{n(n-1)(n^2+3n+4)}{4}.$$

Fazendo $n=20$, temos:

$$S_2=\frac{132260}{3}.$$

Logo a equação do problema se reduz a:

$21x+\ S_{20}=20000$, e, portanto, $x=-\frac{72260}{63}$.

**Solução do Problema 68.** a) A p.a. $(a_n)=(2n^4+2n+1)$ é uma p.a. de ordem 4, e, $a_0=1,\Delta a_0=4,\Delta^2 a_0=28,\Delta^3 a_0=72,\Delta^4 a_0=48$. Deste modo,

$$S_{1000} = a_0 + a_1 + \cdots + a_{999} = \sum_{j=0}^{999} 2j^4 + 2j + 1\,.$$

$$S_n = C(n,1)a_0 + C(n,2)\Delta a_0 + C(n,3)\Delta^2 a_0 +$$

$$C(n,4)\Delta^3 a_0 + C(n,5)\Delta^4 a_0 =$$

$$C(n,1) + 4C(n,2) + 28C(n,3) + 72C(n,4) + 48C(n,5)\} =$$

$$n + \frac{2n(n-1)(7n-11)}{3} + \frac{3n(n-1)(n-2)(n-3)(2n-3)}{5}.$$

Portanto, a soma dos primeiros $1000$ termos da p.a. de ordem 4, $(a_n)$ é

$$S_{1000} = \sum_{j=0}^{999} 2j^4 + 2j + 1 = 1.191.028.627.685.800.$$

b) Considerando a p.a. de ordem 2, $(b_n) = (\pi j^2 + j)$, temos $b_0 = 0, \Delta b_0 = \pi + 1, \Delta^2 b_0 = 2\pi$.

$$S_{1000} = a_0 + a_1 + \cdots + a_{999} = \sum_{j=0}^{999} j(\pi j + 1)\,.$$

$$S_n = C(n,1)b_0 + C(n,2)\Delta b_0 + C(n,3)\Delta^2 b_0 =$$

$$0C(n,1) + (\pi + 1)C(n,2) + 2\pi C(n,3) =$$

$$\left(\frac{\pi}{3}\right)n^3 + \left(\frac{1-\pi}{2}\right)n^2 + \left(\frac{\pi - 3}{6}\right)n.$$

Portanto,

$$S_{1000} = \left(\frac{\pi}{3}\right)10^9 + \left(\frac{1-\pi}{2}\right)10^6 + \left(\frac{\pi - 3}{6}\right)10^3 =$$

$$332833500\pi + 499500.$$

# 4. PROGRESSÕES GEOMÉTRICAS

## DESTAQUES DO CAPÍTULO

| * | Fórmulas para somas de termos de progressões geométricas. |
|---|---|
| * | Introdução à matemática financeira. |
| * | Algoritmo para o cálculo do limite de certos tipos de séries. |

## 4.1 Introdução

Neste capítulo trataremos de sequências cuja variação, termo a termo se dá de maneira que o quociente entre termos é constante. Como feito na seção anterior estamos aqui também interessados na soma dos primeiros $n$ termos de sequências deste tipo. E ainda mais, em algumas situações podemos fazer $n$ tender a infinito e a série dos termos desta sequência convergir. Ao final da teoria, apresentamos um algoritmo que permite calcular, de maneira simples, o valor de algumas séries convergentes onde seus termos estão relacionados com progressões aritméticas e geométricas.

## 4.2 O Termo Geral

**Definição 6.** Uma sequência $(a_n)$ é uma *progressão geométrica* (ou p.g.) se o quociente de cada termo pelo anterior é constante. Mais especificamente falando $(a_n)$ é uma p.g. se $\frac{a_n}{a_{n-1}}$ =q para todo $n \in \mathbb{N}$.

A constante q é chamada de *razão* da p.g. $(a_n)$.

Ex. A sequência $(a_n) = (2, 4, 8, 16, 32, 64, \ldots)$ é uma progressão geométrica de razão $q = 2$. As sequências $(2, 6, 18, 54, \ldots)$ e $(128, 32, 8,2, \ldots)$ são progressões geométricas cujas razões valem respectivamente $q_1 = 3$ e $q_2 = \frac{1}{4}$.

Em uma Progressão geométrica $(a_n)$, sabendo o valor de um termo $a_k$ para o seguinte, basta multiplicar pela razão $q$, deste modo, tem-se a **fórmula geral de uma progressão geométrica**:

$$a_n = a_k q^{n-k},$$

$0 \leq k \leq n$, pois ao passar de $a_k$ para $a_n$, avançamos $n - k$ termos.

Ex. Se uma p.g. $(a_n)$ tem primeiro termo $a_0 = \frac{1}{2}$ e razão $q = -2$, então o vigésimo primeiro termo $a_{21} = a_0 q^{21} = -1048576$.

Uma progressão geométrica é uma sequência que a taxa de crescimento ou decrescimento é constante. Ilustramos este fato no exemplo a seguir.

Ex. Em uma cultura de bactérias, disposta em um recipiente circular, a população da espécie do Tipo A cresce a uma taxa de 1% a hora. Se a população inicial, disposta em formato de um disco é mensurada tendo $200mm$ de raio, encontre:

a) O tamanho da população cinco horas depois do período inicial

b) O instante que a população duplica de tamanho, levando em consideração o raio do círculo na mensuração inicial.

**Solução**

a) Consideremos a sequência $(a_n)$, onde cada termo $a_n$ é igual ao tamanho em $n$ horas após a hora da primeira mensuração, $a_0$. Como $1\% = 0{,}01$, a razão $q$ vale $q = 1{,}01$ e assim $a_5 = a_0 q^5 = 200(1{,}01)^5 = 210{,}20201002$. Logo o tamanho da população do Tipo A, cresce de modo que na quinta hora após a mensuração inicial se encontra em um formato de disco de raio de aproximadamente $210{,}2mm$.

b) Temos que encontrar $n$ tal que $200(1{,}01)^n = 400$. Utilizando a função logarítmo na base 10, temos: $log(1{,}01)^n = log(2)$, e assim

$n = \frac{log(2)}{log(1{,}01)}$, obtendo $n \approx 69{,}66\ horas.$

Note que no problema acima, fica evidente que a razão $q$ é do tipo $q = 1 + i$, onde $i$ é a **taxa de crescimento constante.** De fato, pela definição de p.g., toda razão de uma p.g. pode ser escrita desta forma. Escrevendo a razão desta maneira, fica muito simples trabalhar com algumas questões de matemática financeira, mais precisamente avaliação de crescimento/decrescimento de montantes aplicados a uma taxa de juros $i$ por certo período de tempo $n$, capitalizados de forma iterativa. Isto é o que chamamos de regime de capitalização utilizando os juros compostos.

## 4.3 Juros Compostos

No regime de juros compostos um capital $C$ aplicado em $n$ períodos de tempo, rende mês a mês um o montante $M_n$ dependendo da taxa de crescimento (ou decrescimento) $i$, de tal forma que, em um período subsequente $n + 1$, passam a fazer parte do montante $M_n$.

Este tipo de juros são chamados de juros sobre juros, pois de certa forma, o montante do período $n - 1$ se transforma no capital do período $n$. Matematicamente podemos traduzir a caracterização mencionada acima para:

**Definição 7.** Um capital $\mathrm{M_0 = C}$ aplicado no regime de juros compostos a uma taxa i, rende no período n o montante de $\mathrm{M_n = (1 + i)M_{n-1}}$.

A partir da definição anterior, vê-se que **a sequência $(M_n)$é uma p.g**. de razão $q = 1 + i$.

Deste modo, fica fácil encontrar a fórmula de rendimento de um capital $C$ aplicado sob o regime de juros compostos a uma taxa $i$ no período de tempo $n$:

$$M_n = C(1 + i)^n.$$

**Observação**

*Para* $i > 0, n > 1$, *e* $C > 0$ *o montante obtido via uma aplicação no regime de juros compostos cresce muito rápido. Com efeito, considerando os valores de* $n$ *variando em* $\mathbb{R}$ *a função* $f_c(n) = C(1+i)^n$ *é uma função do tipo exponencial. Para mais informações veja* ***Problema*** *79. No* ***Problema 82*** *exploramos as relações existentes entre a função* $g(x) = e^x$ *e progressões geométricas.*

Ex. Um capital $C = 100$ é aplicado a uma taxa $i = 2\%$ ao mês, sob o regime de juros compostos. O montante alcançado após seis meses de aplicação é

$$M_6 = 100(1 + 0{,}02)^6 \approx 112{,}616.$$

Podemos dizer que um capital $C$ é o **valor atual (VA)**, ao passo que o **valor futuro (VF)** após $n$ meses de uma aplicação sob o regime de juros compostos a uma taxa $i$ é $M_n$. Estes entes estão relacionados via a fórmula:

$$VF = VA(1+i)^n.$$

A questão agora é: sob as condições acima, a partir do valor futuro esperado como podemos encontrar o valor atual? É claro que, a partir da equação acima temos:

$$VA = VF(1+i)^{-n}.$$

Ex. Sabendo que o valor futuro de uma aplicação é de R$100,00, o capital inicial (valor atual) sendo capitalizado por $n = 4$ meses a uma taxa $i = 10\%$ é $VA \approx 68{,}3$ reais.

Um problema do quotidiano é dado o valor futuro $VF$, uma taxa pré-fixada $i$, qual é o valor atual $VA$ que deve ser realizado por um pagamento parcelado. Assim devemos dividir uma dada parcela por potências de $(1+i)$, para cada parcela dada. Vamos ilustrar o fato com um exemplo.

Ex. Banach quer comprar um estofado no valor de R$300,00 e lhe foi oferecido as seguintes condições:

1. Banach paga à vista o valor de R$270,00;

2. Ele paga em três prestações mensais iguais de R$100,00, a primeira no ato da compra.

a) Encontre o valor dos juros que a loja cobra na venda a prazo.

b) Se Banach consegue fazer uma aplicação de modo que seu dinheiro renda $i = 8\%$, qual é a opção mais rentável a ele?

**Solução**

a) Como $VA = 450$, o valor à vista temos:

$270 = \frac{100}{(1+i)^0} + \frac{100}{(1+i)^1} + \frac{100}{(1+i)^2}$, e resolvendo para $i$ temos $i \approx 11{,}54\%$.

b) Aqui temos $VA = 100 + \frac{100}{1{,}08} + \frac{100}{(1{,}08)^2} \approx 278{,}3264$. Portanto é melhor Banach pagar a conta à vista.

## 4.4 Somas de Termos de Progressões Geométricas

**Teorema 7.** A soma dos n primeiros termos de uma progressão geométrica $(a_n)$ de razão $q \neq 1$, é dada por

$$S_n = \frac{a_1(1 - q^n)}{1 - q}.$$

**Demonstração**

Como $S_n = a_1 + a_2 + \ldots + a_n$, então $qS_n = a_2 + a_3 + \ldots + a_n + a_{n+1}$, pois $a_{k+1} = qa_k$, $\forall k \in \{1,2, \ldots, n\}$.

Subtraindo $qS_n$ de $S_n$, temos $S_n - qS_n = a_1 - a_{n+1}$, logo, $S_n(1 - q) = a_1 - a_1 q^n$. Portanto,

$$S_n = \frac{a_1(1-q^n)}{1-q}. \blacksquare$$

Ex. Calcule a soma dos n primeiros termos da progressão geométrica $(a_n) = (3,6,12,24,48,\dots)$.

**Solução**

Como $q = 2$ e $a_1 = 3$, temos

$$S_n = \frac{a_1(1-q^n)}{1-q} = 3\left(\frac{1-2^n}{-1}\right) = -3 + 3.2^n.$$

Considerando uma p.g. $(a_n)$ de razão $|q| < 1$ e fazendo $n \mapsto \infty$, a soma $S_n$ é convergente, como veremos no teorema abaixo.

**Teorema 8.** Seja $(a_n)$ uma progressão geométrica de razão $|q| < 1$, cuja soma dos primeiros $n$ termos é dada por $S_n$. O limite de $S_n$, para $n \mapsto \infty$, é converge, e vale

$$\lim_{n \mapsto \infty} S_n = \frac{a_1}{1-q}.$$

**Demonstração**

Observe que $\lim_{n\mapsto\infty} \mathrm{q}^{\mathrm{n}} = 0$, para $|q| < 1$. Assim, utilizando propriedades de limites, temos:

$$\lim_{n \mapsto \infty} S_n = a_1\left(\frac{\lim_{n\mapsto\infty}(1-q^n)}{\lim_{n\mapsto\infty}(1-q)}\right) = \frac{a_1}{1-q}. \blacksquare$$

**Corolário 1**. Para $(a_i)$ uma p.g., a série $\sum_{i=0}^{\infty} a_i$ é convergente, se e somente se a razão $q$ da p.g. é tal que $|q| < 1$.

Ex.

$$\sum_{i=0}^{\infty}\left(\frac{2}{3}\right)^{i}=\frac{1}{1-\frac{2}{3}}=3.$$

Exibiremos a seguir um algoritmo que nos permite encontrar o valor de somas do tipo:

$$\sum_{i=0}^{n} a_i b_i,$$

onde $(b_i)$ é uma p.g..

Antes disto vamos enunciar dois lemas técnicos, o primeiro trata de uma interpolação. Lembrando que a sequência das diferenças de uma sequência $(c_n)$ qualquer é dada por $(\Delta c_n) = (c_{n+1} - c_n)$, estabelecemos o seguinte lema.

Lema 2. Sejam $(a_n)$ e $(b_n)$ sequências, então

$$\sum_{i=0}^{n} a_{i+1}\Delta b_i, = a_{n+1}b_{n+1} - a_1 b_1 - \sum_{i=0}^{n} b_i \Delta a_i\,.$$

**Demonstração** *(Problema 75a))*

**Lema 3.** Se $(b_n)$ é uma p.g. de razão $q \neq 1$, então $b_n = \frac{\Delta b_n}{q-1}$.

**Demonstração** *(Problema 75b))*

Utilizando o lemas 1 e 2, temos que:

$$\sum_{i=1}^{n} a_{i+1}\, b_i = \frac{1}{q-1}\sum_{i=0}^{n} a_{i+1}\,\Delta b_i =$$

$$\frac{1}{q-1}\left(a_{n+1}b_{n+1} - a_1 b_1 - \sum_{i=1}^{n} \Delta a_i b_i\right).$$

De maneira que estamos aptos para enunciar o algoritmo a seguir.

**Algoritmo 3.** Seja $S_n$ dada por:

$$S_n = \sum_{i=1}^{n} a_{i+1} b_i,$$

onde $(b_i)$ é uma p.g. de razão $q \neq 1$.

Utilizando os lemas 1 e 2, encontra-se:

$$\sum_{i=1}^{n} a_{i+1} b_i = \frac{1}{q-1}\left(a_{n+1} b_{n+1} - a_1 b_1 - \sum_{i=1}^{n} \Delta a_i b_i\right).$$

Aplica-se o mesmo resultado em

$\sum_{i=1}^{n} \Delta a_i b_i$, até que se torne simples a obtenção da soma dada.

**Observação**

*No* ***algoritmo 3*** *utilizamos a expressão: "Aplica-se o mesmo resultado em...até que se torne simples a obtenção da soma dada". Com efeito, se, por exemplo,* $(a_n)$ *for um polinômio de grau 2, digamos* $n^2$*, para todo* $n$*, temos que utilizar o algoritmo duas vezes, a primeira para encontrar uma soma do tipo* $\sum_{i=1}^{n} c_i b_i$ *e a segunda aplicação do algoritmo para encontrar o valor da soma anteriormente encontrada.*

*De forma mais geral se* $(a_n)$ *é uma p.a. de ordem* $k$*, então* $a_n$ *é um polinômio de grau* $k$ *sobre* $n$ *(****teorema 4****), e assim necessitamos aplicar, no máximo* $k$ *vezes o algoritmo para encontrar o valor da soma* $S_n$*.*

*Não necessariamente* $(a_n)$ *precisa ser uma p.a. de alguma ordem para que o algoritmo seja factível, como no Problema 77c) tem-se* $(a_n) = (e^n)$*, e utilizando o* ***algoritmo 3****, conseguimos encontrar o valor da soma.*

## 4.5 Problemas Propostos

**Problema 69.** Ache o primeiro termo $a_1$ numa p.g., sabendo que a razão $q = -\sqrt{2}$ e $a_{11} = e^5$. Encontre a soma dos primeiros 11 termos desta p.g..

**Problema 70.** Um telescópio avista uma explosão no centro do Sol. As partículas carregadas dessa explosão se dispersam esfericamente, a partir do centro, de modo que no avistamento, o globo de partículas tinha um raio de 3,2 $km$. Fora estimado por um grupo de cientistas que o raio da esfera dobra de tamanho a cada segundo. Sabendo que a distância do sol a Terra é aproximadamente 149.600.000 $km$, em quantos segundo as partículas chegam à Terra?

**Problema 71.** *(O triângulo de Sierpinski[1])* De modo geral, um fractal é um objeto geométrico que pode ser dividido em partes, cada uma das quais semelhante ao objeto original. Um exemplo disso é o triângulo de Sierpinski, como descrito a seguir. Partindo de um triângulo equilátero, depois, remove-se o triângulo equilátero definido pelos pontos médios dos lados e obtem-se a figura geradora. Repetindo continuamente o processo, ou seja, aplicamos a figura geradora em todos os triângulos equiláteros que não foram removidos e obtemos, no limite, o triângulo de Sierpinski, como na figura 3.1 exibida abaixo.

Encontre o valor da área e do perímetro do triângulo de Sierpinski. Dica: inicie os cálculos construindo relações para a área e o perímetro do $n$ primeiros triângulos e após use o limite $n \mapsto \infty$.

[1] Para mais detalhes sobre a obtenção deste e outros fractais sugerimos a leitura de Nunes [10].

*Ilustração do triângulo de Sierpinski*

**Problema 72.** Prove que se $(a_n)$ é uma p.g. de razão $q$, então $(\Delta a_n)$ é também uma p.g. de razão $q$.

**Problema 73.** Sejam $(a_n)$ e $(b_n)$ sequências, onde $(b_n)$ é uma p.g. de razão $q$. Mostre que:

a) $\sum_{i=1}^{n} \Delta(a_i b_{i+1}) = (a_{n+1}q^{n+1} - a_1 q)b_1$ .

b) Se $|q|, |a_i| < 1$, para todo $i \in \mathbb{N}$, então a série $S = \sum_{i=1}^{\infty} \Delta(a_i b_i)$ converge para $S = -a_1 q b_1$.

**Problema 74.** a) Se $(a_n)$ é uma p.a., mostre que $(2^{a_n})$ é uma p.g..

b) Se $(b_n)$ é uma p.g. de termos positivos, mostre que $\left(log_2(b_n)\right)$ é uma p.a[2].

**Problema 75.** Demonstre os seguintes lemas:

a) Sejam $(a_n)$ e $(b_n)$ sequências, então

$$\sum_{i=1}^{n}(a_{i+1}\Delta b_{i+1}) = a_{n+1}b_{n+1} - a_1b_1 - \sum_{i=1}^{n}(b_i\Delta a_i).$$

b) Se $(b_n)$ é uma p.g. de razão $q$, então $b_n = \frac{\Delta b_n}{q-1}$.

**Problema 76.** Encontre o valor das séries em a) e c) e uma função na variável $n$ para a soma em b).

$$a)\sum_{i=0}^{100}(i+1)2^i.$$

$$b)\sum_{i=1}^{n}e^i 2^{-i}.$$

$$c)\sum_{i=0}^{\infty}e^i 3^{-i}.$$

**Problema 77.** A dívida total dos Estados e do Distrito Federal com a União soma pouco mais de 427 bilhões de reais, a pagar em prestações mensais. Suponha que os Estados queiram pagar a dívida de 427 bilhões de reais, mas pedissem 24 meses de isenção e após esta data quitaria o débito. Sabendo que o governo federal cobra juros de 1% ao mês, determine o valor total a ser recebido pelo governo ao final dos 24 meses nas seguintes situações.

---

[2] Por este problema mostra-se que a função exponencial $f(x) = 2^x$ leva uma p.a. em uma p.g., e a sua inversa, $f^{-1}(x)$, faz o que era de se esperar, o contrário.

a) Incidindo sobre o montante de juros simples de 1% ao mês.

b) Incidindo juros compostos de 1% ao mês.

**Problema 78.** Considere a seguinte situação hipotética: Zefini faz uma aplicação com taxa de $i = -\frac{1}{2}$, da seguinte maneira: A partir do capital investido $C$, e do mês inicial 0, findando o mês ela retira o montante e investe novamente o mesmo montante obtido anteriormente a fim de fazer o mesmo no mês seguinte. Em que período de tempo Zefini dobra o capital $C$?

**Problema 79.** Esboce no mesmo gráfico o comportamento das funções $f_c(t) = C(1+i)^t$ e $f_s(t) = C(1+it)$, para $t \geq 0$, e constantes $C, i > 0$. Interprete levando em consideração as fórmulas de juros simples e juros compostos.

**Problema 80.** Pólya quer comprar um celular de R$100,00. O vendedor da loja de celulares aceitou a proposta de pagamento de Pólya: pagar em 03 parcelas iguais pagas em meses alternados, a primeira no ato da compra. Qual deve ser o valor da parcela, sendo que a loja consegue, por mês, fazer render seu dinheiro em 10%?

**Problema 81.** Suponha que Emmy faça uma aplicação bancária que renda 2%, e ela quer comprar um notebook de R$1200,00 à vista.

a) Se o comerciante deseja oferecer o produto para compra em duas prestações iguais, a primeira no ato da compra, qual deve ser o valor dessas prestações?

b) Suponha que ele deseja oferecer o produto em 12 prestações mensais iguais, a primeira no ato da compra. Escreva uma expressão que permita calcular o valor da prestação.

c) Encontre o valor da prestação na situação do item b).

**Problema 82.** Sabendo que $lim_{n\to\infty}\left(1+\frac{i}{n}\right)^n = e^i$, encontre uma interpretação via juros compostos para o número $e$.

# 4.6 Soluções dos Problemas Propostos

**Solução do Problema 69.** Como $a_{11} = a_1 q^{10}$, temos $a_1 = \frac{e^5}{2^5}$. A soma dos 20 primeiros termos da p.g. $(a_n)$ é

$$S_{11} = a_1\left(\frac{1-q^{11}}{1-q}\right) = \frac{e^5}{2^5}\left(\frac{1+2^{\frac{11}{2}}}{1+\sqrt{2}}\right).$$

**Solução do Problema 70.** Seja $a_0 = 3{,}2$ o raio da explosão no instante do avistamento. O raio $1s$ após é $a_1 = 2a_0 = 6{,}4$, e $1s$ após, o raio é de $a_2 = 2.a_1 = a^2.3{,}2$ (todas as medidas em $km$).

Deste modo, podemos modelar o problema da dispersão de partículas pela p.g. $(a_n) = (3{,}2.2^n)$.

Assim, as partículas atingem a terra quando $3{,}2.2^n = 149600000$. Resolvendo para $n$ temos $n = log_2(46750000) \approx 25{,}48$. Portanto, em aproximadamente $25{,}48s$ as partículas chegam ao planeta Terra.

**Solução do Problema 71.** A partir de um triângulo equilátero de área $a$ e perímetro $p$, vamos encontrar as sequências $(p_n)$ e $(a_n)$, onde $a_0 = a$ e $p_0 = p$.

Para n=1, temos $a_1 = a\left(\frac{3}{4}\right)$ e $p_1 = p\left(\frac{3}{2}\right)$;

E para n=2, $a_2 = a_1\left(\frac{3}{4}\right) = a\left(\frac{3}{4}\right)^2$ e $p_2 = p_1\left(\frac{3}{2}\right) = p\left(\frac{3}{2}\right)^2$ (observe os três passos da construção das figuras, $n = 1, 2{,}3$, abaixo), em geral temos as p.g.'s:

$(a_n) = \left(a\left(\frac{3}{4}\right)^n\right)$ e $(p_n) = \left(p\left(\frac{3}{2}\right)^n\right)$. Como $\frac{3}{4} < 1$ e $\frac{3}{2} > 1$, fazendo $n \to \infty$, podemos obter a área e o perímetro do triângulo de Sierpinski. Como $lim_{n\to\infty} a_n = 0$ e $lim_{n\to\infty} p_n = \infty$, concluímos que o triângulo de Sierpinski tem aréa nula e perímetro infinito.

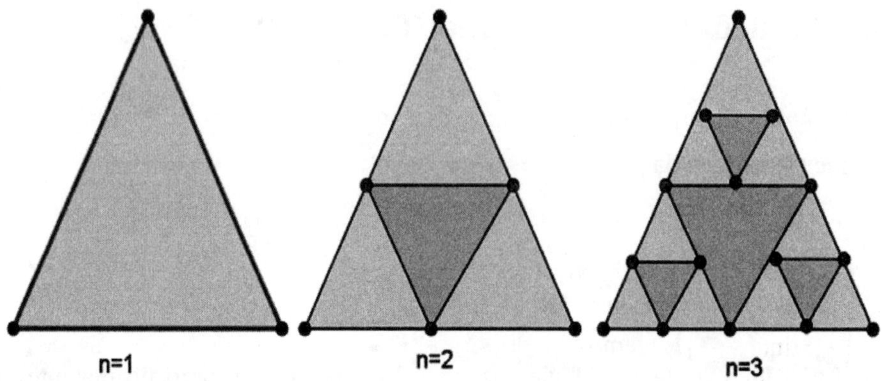


*Construções iniciais (n=0,1,2)*

**Solução do Problema 72.** $\Delta a_n = a_{n+1} - a_n = q(a_n - a_{n-1}) = q\Delta a_{n-1}$. Logo $(\Delta a_n)$ é uma p.g. de razão $q$.

**Solução do Problema 73.** a) Como $\Delta a_i b_{i+1} = b_1\left(a_{i+1}q^{i+1} - a_i q^i\right)$, para qualquer sequência $(a_i)$, temos:

$$\begin{cases} \Delta a_1 b_2 = a_2 q^2 b_1 - a_1 q b_1 \\ \Delta a_2 b_2 = a_3 q^3 b_1 - a_2 q^2 b_1 \\ \vdots \\ \Delta a_n b_{n+1} = a_{n+1} q^n b_1 - a_n q^{n-1} b_1 \end{cases}$$

Somando as equações acima temos

$$\sum_{i=1}^{n} \Delta a_i b_{i+1} = (a_{n+1}q^{n+1} - a_1 q)b_1.$$

b) $S = lim_{n\to\infty} b_1(a_{n+1}q^{n+1} - a_1 q)$, e desde que $|q|, |a_i| < 1$, para todo $i \in \mathbb{N}$, tem-se $lim_{n\to\infty} b_1 a_{n+1} q^{n+1} = 0$, e, portanto, $S = -a_1 q b_1$.

**Solução do Problema 74.** a) Seja $(a_n)$ uma p.a. de razão $r$. Como $a_n = a_0 + nr$, então $2^{a_n} = 2^{a_0+rn} = 2^{a_0}(2^r)^n$ de modo que $(2^{a_n})$ é uma p.g. de primeiro termo $2^{a_0}$ e razão $2^r$.

b) Sendo $(b_n)$ uma p.g. de termos positivos, $b_n = b_0 q^n$, temos que $b_0, q > 0$ e assim $log_2 b_n = log_2 b_0 + n log_2 q$ é uma p.a. de primeiro termo $log_2 b_0$ e razão $log_2 q$.

**Solução do Problema 75.** a) Como $\Delta a_i b_i = a_{i+1}b_{i+1} - a_i b_i$, somando e subtraindo $a_{i+1}b_i$, temos

$$\Delta a_i b_i = a_{i+1}(b_{i+1} - b_i) + b_i(a_{i+1} - a_i) = a_{i+1}\Delta b_i + b_i \Delta a_i.$$

Pela fórmula da soma telescópica (**Problema 60**),

$$\sum_{i=1}^{n} \Delta a_i b_i = a_{n+1}b_{n+1} - a_1 b_1,$$

e assim obtemos:

$$\sum_{i=1}^{n} a_{i+1}\Delta b_i = a_{n+1}b_{n+1} - a_1 b_1 - \sum_{i=1}^{n} \Delta a_i b_i\,.$$

b) $\Delta b_n = b_{n+1} - b_n = q b_n - b_n = b_n\,(q-1)$, e segue o resultado.

**Solução do Problema 76.** a) Vamos utilizar o **algoritmo 3** para encontrar o valor da soma. Aplicando o algoritmo para $(b_i) = (2^i), (a_i) = (i)$ e $q = 2$, temos

$$\sum_{i=0}^{100}(i+1)2^i = 1 + 2\left(101.2^{101} - 1.2 - \sum_{i=1}^{100} 2^i\right) = 102.2^{102} - 5.$$

b) Novamente, utilizando o **algoritmo 3**, para $(b_i) = (2^{-i})$, $(a_i) = (e^{i-1})$ $e$ $q = \frac{1}{2}$, temos:

$$\sum_{i=1}^{n} e^i 2^{-i} = \left(\frac{e}{2-e}\right)\left(1 - \frac{e^n}{2^n}\right).$$

c) De forma análoga ao item b), para a soma até $n$ temos:

$$\sum_{i=1}^{n} e^i 3^{-i} = \left(\frac{1}{3e^{-1} - 1}\right)\left(\frac{1}{3} - \frac{e^n}{3^{n+1}}\right).$$

Como $3 > e$, temos

$lim_{n\to\infty} \frac{e^n}{3^{n+1}} = 0$. Logo a série é convergente e vale

$$\sum_{i=1}^{n} e^i 3^{-i} = \frac{1}{9e^{-1} - 3}.$$

**Solução do Problema 77.** a) Utilizando a fórmula de juros simples, temos: $M_{24} = 427.10^9(1 + 0{,}01.24) = 529{,}48.10^9 = 529.480.000.000$ reais.

b) No caso de juros compostos temos $M_{24} = 542.176.694.923{,}12$ reais.

**Solução do Problema 78.** Neste exercício, denotando o montante ganho, mês a mês, por $M_n$, temos $M_n = C(1+i)^n = Cq^n$ $(q = 1 + i)$ e o limite quando $n \mapsto \infty$ por $M_\infty$. Para $|q| < 1$, temos

$M_\infty = \frac{C}{1-q} = -\frac{C}{i}$. Neste problema, $i = -\frac{1}{2}$, e assim, $M_\infty = 2C$.

Concluímos que Zefini nunca poderá, fazendo as operações descritas no problema, dobrar seu capital $C$.

**Solução do Problema 79.** Considere o capital $C_0 = M_0$, $f_c(t) = C(1+i)^t$ é uma função exponencial enquanto $f_s(t) = C(1 + it)$ é uma função linear, onde o coeficiente angular da reta é dado por $Ci$. Estas funções modelam o crescimento do montante $M(t)$, para $t$ contínuo. Vê-se que a partir de $t = 1, f_c(t) > f_s(t)$, ou seja, o rendimento de juros compostos sob a mesma taxa de juros é muito maior que o rendimento sob juros simples. De fato, para

$t$ razoavelmente grande, $T < t_1 < t_2, t_2 - t_1$ é muito menor que $f_c(t_2) - f_c(t_1)$, e isto significa que quando $t$ cresce, em um curto espaço de tempo, $f_c$ cresce desproporcionalmente muito rápido[3], enquanto que $f_s$ é completamente proporcional em relação ao tempo.

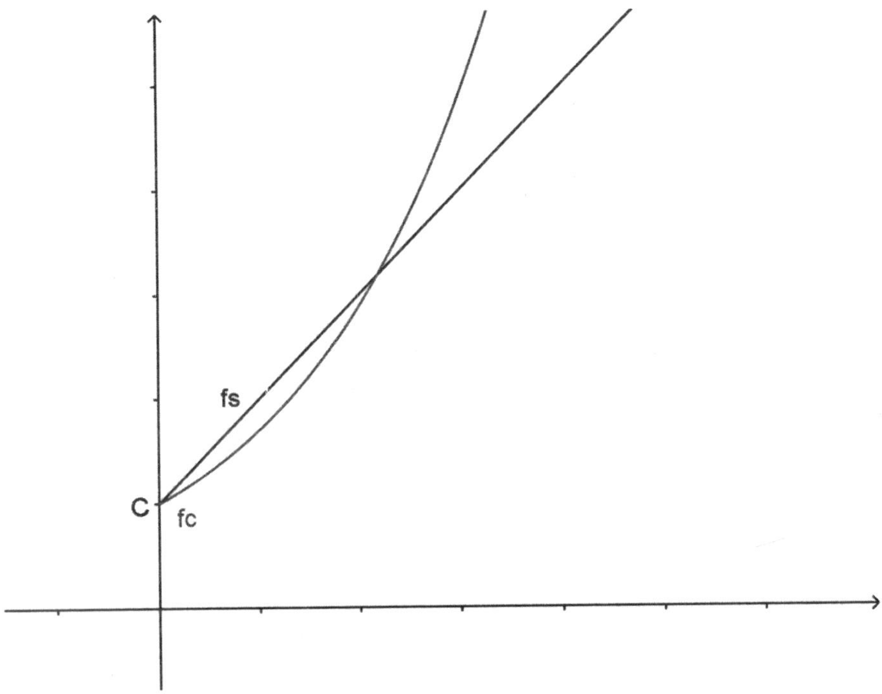


*Gráficos de* $\boldsymbol{f_s}$ *e* $\boldsymbol{f_c}$

**Solução do Problema 80.** Denotando por $P$ o valor das parcelas, temos que o valor atual é $VA = 100$, de modo que obtemos a relação

$100 = P + \frac{P}{1{,}1^2} + \frac{P}{1{,}1^4}$ e resolvendo para P, encontramos $P \approx 39{,}84$ reais.

**Solução do Problema 81.** a) Como o valor atual é $1200$, sendo $P$ a prestação, temos que resolver para $P$ a equação:

[3] Talvez essa seja uma razão para acreditar que o nosso sistema econômico é insustentável.

$P + \frac{P}{1{,}02} = 1200$. Assim $P \approx 605{,}95$ reais.

b) Neste caso devemos encontrar $P$ satisfazendo:

$$P\left(1 + \frac{1}{1{,}02} + \frac{1}{1{,}02^2} + \cdots + \frac{1}{1{,}02^{11}}\right) = 1200.$$

c) Como $\left(\left(\frac{1}{1{,}02}\right)^n\right)$ é uma p.g. de razão $\frac{1}{1{,}02}$, temos que

$$1 + \frac{1}{1{,}02} + \frac{1}{1{,}02^2} + \cdots + \frac{1}{1{,}02^{11}} = 1.\left(\frac{1 - 1{,}02^{-12}}{1 - 1{,}02^{-1}}\right).$$

Logo $P \approx 111{,}24$ reais.

**Solução do Problema 82.** Se considerarmos uma aplicação com capital inicial $C = 1$, sob uma taxa de juros não constante, de modo que a cada mês a taxa inicial $i$ se transforma em $\frac{i}{n}$, o montante $M_{n,i}$ é igual a $M_{n,i} = \left(1 + \frac{i}{n}\right)^n$. No limite, $n \to \infty$, temos

$$M_{n,i} = e^i,$$

e assim obtemos um novo sistema de capitalização, cujo crescimento do montante varia de forma exponencial cuja a base é dada pelo número $e$.

Por conseguinte, para $i = 1$, temos $M_{\infty,1} = e$.

# Referências Bibliográficas


[1] Alonso, J. *ARITHMETIC SEQUENCES OF HIGHER ORDER,* The Fibonacci Quarterly, 1976, 147-153.

[2] Andrews, G., E. *Number Theory*, Saunders Company, 1971.

[3] Bermúdez, T., Martinón,A., Noda,J. *Arithmetic progressions and its applications to (m,q)-isometries: a survey*, Results Math. 69, 2016, 177–199.

[4] Charalambides, C. *Enumerative Combinatorics*, Chapman & Hall/CRC, 2001.

[5] Dlab, V. *Arithmetic progressions of higher order*, Teaching Mathematics and Computer Science 9/2, 2011, 225-239.

[6] Enderton, H. *Elements of set Theory,* Academic Press; 1 edition, 1977.

[7] Gonçalvez, A. *Introdução à Álgebra - 5ª Ed.*, Editora IMPA, 2015.

[8] Lima, E.L., Carvalho, P.C.P. Wagner,E.,Morgado,A.C. *A Matemática do Ensino Médio, volume 2*, Editora SBM, 2016.

[9] Loureiro, A.A.F. *Sequências e Indução Matemática,* disponível em: http://homepages.dcc.ufmg.br/\simloureiro/md/md_4SequenciaEInducaoMatematica.pdf, data de acesso: 02/04/2017.

[10] Nunes, R.S.R. *Geometria Fractal e Aplicações*, janeiro de 2006, 78 f., Dissertação de Mestrado, Universidade Federal do Porto, 2006.

[11] Pereira, E.C. F*erramentas de contagem e o estudo de partições de inteiros*, julho de 2016, 66 f., Dissertação de Mestrado, Universidade Federal de Sergipe, 2016.

[12] Santos, J.P.O. *Introdução à Teoria dos Números*, Editora IMPA, 2009.

[13] Santos, J.P.O., Estrada,E.L. *Problemas Resolvidos em Combinatória*, Editora Ciência Moderna, 2007.

[14] Santos, J.P.O., Melo,M.P., Murari,I.T.C. *Introdução À Análise Combinatória - 3ª Ed.*, Editora Ciência Moderna, 2007.

[15] Vermeeren, S. *Sequences and Nets in topology*, General Topology (Math.GN), 2010, 1-17.

# Anotações

Impressão e acabamento
Gráfica da Editora Ciência Moderna Ltda.
Tel: (21) 2201-6662